これだけは知っておきたい

データサイエンスの基本がわかる本

鈴木 孝弘 [著]
Takahiro Suzuki

OHM
Ohmsha

本書を発行するにあたって，内容に誤りのないようできる限りの注意を払いましたが，本書の内容を適用した結果生じたこと，また，適用できなかった結果について，著者，出版社とも一切の責任を負いませんのでご了承ください.

はじめに

2016年3月，韓国ソウルでコンピュータ囲碁ソフト「アルファ碁」が世界的なトッププロ棋士に勝利しました。

アルファ碁の人工知能（artificial intelligence：AI）は大局観に優れ，遠く離れた位置の石が中終盤でどのように関係してくるのか，人間では序盤，正確に評価できないことを簡単にこなすとされています。このような囲碁ソフトの性能は，打てる手をランダムに何十万回と終局まで打ち，その勝率で手の良し悪しを判断する手法であるモンテカルロ法の採用によって大幅に向上したといわれています。

いま，人工知能が大きな注目を集めています。半世紀前，マービン・ミンスキー（2016年1月没）によって提唱された人工知能は，ICT（情報通信技術）の進歩やインターネットの普及にともない，人が扱うデータが爆発的に増えたことにより，また種々の基盤技術とコンピュータの計算速度が向上した結果，「深層学習（ディープラーニング：本書第9章）」と呼ばれる人の脳をまねた手法により，画像や音声の認識で人間をしのぎ始めています。

しかしながら身近には，人工知能が職場に導入されており，活用したことがあるという回答はわずか1.9％（職場への導入は5.0％）でした（総務省『情報通信白書（2016年版）』）。この数字は日米の就労者に人工知能の導入状況をたずねた調査に基づきますが，米国でも同じ回答は5.3％（職場への導入は13.7％）と，技術革新により人工知能の用途は広がっていますが，まだ実際に仕事に生かしているという人はごく少数のようです。し

かし，ビッグデータが価値を生む時代，人工知能の進歩はすさまじく，これからの私たちの日常生活，あらゆる産業に影響を与え，やがては AI が人の知能を超える「シンギュラリティ（技術的特異点）」が訪れるとの予測もあります。

　人工知能やビッグデータを扱う手法の多くは，他の分野で開発された統計学やデータ分析などの考え方や技術を利用していますが，それらは本質的に学際的で，わが国では系統的な教育は従来ほとんど行われていません。そこで本書は，データサイエンスの基礎になっている内容を平易に解説するものとして執筆しました。この分野の成書は多数出ていますが，大学に入学したばかりの新入生や初学者，あるいは人工知能やデータ分析に興味をもったばかりの読者にとっては，難解な数式や用語が多くて難しく，とっつきにくいものが多いと思われます。そこで本書は，データの使い方からディープラーニングまで，データサイエンスの基礎になっている内容を，できるだけ数式を使わず，基本的な考え方と手法の原理を紹介しました。データサイエンスの全体像を詳細に示す意図ではなく，基礎的な入門書としてまとめています。

　終わりに，本書の刊行にあたって大変ご尽力いただいたオーム社の皆様に厚く感謝の意を表します。

2018 年 2 月

鈴木　孝弘

目次

モデル化と最適化

/ COLUMN /

第1章 データサイエンス

　ビッグデータ，AI の時代が本格的に到来しました。今後のビジネスや研究においては，大量のデータを読み解き，数量的思考によって課題を解決するための"データサイエンス"が重要になるといわれています。

　第1章では，本書を読み進めていくにあたって，まずデータサイエンスがどのようなもので，どのような技術，手法が用いられるのか，そしてデータサイエンスには欠かすことのできないものとなった人工知能について概観していきましょう。わからない技術が出てきても，いますぐ無理して理解しようとせず，まずはこんなものがあるとして読み進めてください。2章以降で詳しく解説していきます。

第1章　データサイエンス

📊 1.1　データサイエンスとは

　データサイエンスは，いまだ新しい分野の一つであり日々発展しているため，定義が明確に定まっていません。現時点では，ICT の進展により活用が可能になった**ビッグデータ**，すなわち**多種多様で膨大な量のデータの収集・分析によって，私たちにとって有益な定量的・客観的な情報や関連性を導き出すためのサイエンス**と捉えられるでしょう。

　データサイエンスで扱われる分野はきわめて広く，用いられる学問分野・手法は，数学，統計学，計算機科学，情報工学，パターン認識，機械学習，人工知能，データベース，可視化などの広い領域にわたります。

　現在では，データサイエンスをベースにビッグデータや **IoT**（internet of things；モノのインターネット）を活用する上で中心となって活躍する職種として，"データサイエンティスト"が認知されつつあります。データサイエンティストは，統計学や機械学習などのデータ分析の手法をコンピュータ上で駆使して，種々のデータから有用な情報を抽出して問題を分析・解決します。

　このようにデータサイエンティストに対する企業や社会のニーズが増すなかで，日本初の「データサイエンス学部」が 2017 年 4 月に国立大学に誕生しました。それに続いて 2018 年 4 月に公立大学にも設置され，他大学でも学科単位でデータサイエンティストの人材育成の教育・研究が広がり始めました。データサイエンスに必要なスキルは，データを読み解くために必要な数理や統計の基礎的な知識をはじめ，次に述べるように理系のものがベースになります。しかし，実際に扱うデータは人々の消費行動や社会問題，SNS のつぶやきまで文系的なものが多くなり，文理融合的な要素が大事になります。

📊 1.2　データサイエンスの要素技術

　データサイエンスに必要とされる技術の種類も多岐にわたります。**図 1.1** にデータサイエンスで使われるおもな領域と代表的な要素技術を示します。

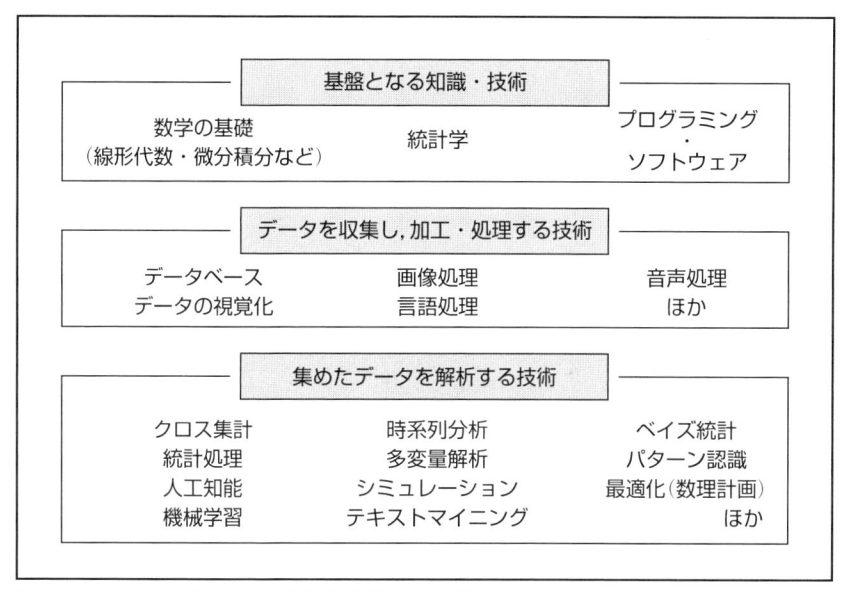

基盤となる知識・技術

| 数学の基礎
（線形代数・微分積分など） | 統計学 | プログラミング
・
ソフトウェア |

データを収集し，加工・処理する技術

| データベース
データの視覚化 | 画像処理
言語処理 | 音声処理
ほか |

集めたデータを解析する技術

| クロス集計
統計処理
人工知能
機械学習 | 時系列分析
多変量解析
シミュレーション
テキストマイニング | ベイズ統計
パターン認識
最適化（数理計画）
ほか |

図 1.1　データサイエンスのおもな領域と要素技術

データサイエンスで用いられる手法には，次のようなものがあります。

① **データの収集・前処理**：大量の生データ（収集しただけで加工・整理していない"生"のデータのことを単に生データといいます）をデータベースに収納し，ここからデータ解析を行うためのデータの選択，正規化，補正などが行われます。第 2 章で解説します。

② **データの視覚化**：データ分析の結果をわかりやすく把握するために，各種のグラフや図形，グラフィックなどの形式で表現します。これも第 2 章で解説します。

③ **パターン認識・多変量解析**：たくさんのデータからあるパターンをカテゴリー分けしたり，多数の変数どうしの関係性を調べたりする手法です。この二つを明確に区別することは難しいですが，データ解析の基盤技術として重要です。それぞれ，第 4 章，第 5 章で解説します。

④ **機械学習**：コンピュータに学習機能を持たせることをいいます。

ニューラルネットワーク（第8章），ニューラルネットワークを多層化したディープラーニング（第9章），サポートベクターマシン（第7章）などと呼ばれる手法が適用され，データを利用して複雑な抽象概念をモデル化して利用します。

次に，図1.1でとりあげたデータサイエンスの要素技術のうち，おもだったものについてみていきましょう。

1　統計学

統計学の基礎はデータサイエンスにおいては不可欠なスキルとして重要です。統計量，分布，検定，推定などの概念を理解することが大切です。このうち，**検定**は，ある事象が何らかの意味のある事象であるか（有意），単に偶然起こった事象であるかを判断する方法です。

検定は目的によって，いろいろな手法が用いられます。

代表的なものに

・t 検定

・χ（カイ）二乗検定

などがあります。

たとえば，二つのデータ群の有意な差の有無を調べるためには，通常，データが正規分布をしていると仮定して，パラメトリックな検定法（平均値と標準偏差を用いる）の一つである Student の t 検定があります。

一方，データの分布を仮定せず，平均値と標準偏差の値を用いないで，各群のデータの全体での順位などに基づき，有意差を検定するノンパラメトリックな検定法もあり，Wilcoxon の順位和検定や正規スコア検定などがあります。ノンパラメトリックとはパラメータ（母数）によらないことを意味します。

ある遺伝子の遺伝子型の分布の偏りと病気との関係を調べるようなときには，二つのカテゴリーデータ（p.8参照）の間に関連性の有無を調べる**カイ二乗検定**が用いられます。

一般的な検定は，Excel などの表計算ソフトで計算を実行することが可

能です。

2 ベイズ統計

ベイズ統計（Bayesian statistics）は，近年スパムメール（迷惑メール）を自動的に発見・分別するフィルタや音声認識，人工知能，遺伝子配列分析など，広範な分野で応用が進んでいる統計手法の一つです。Web 検索サイトの Google などでは，ベイズ統計を利用した検索サービスを行っています。

　ベイズ統計は，条件付き確率に関する**ベイズの定理**に基づき，ある事象が起こる確率を求めて，その事象を分類します。この定理は，ある条件のもとで，ある事象が起こる確率（事前確率）があらかじめわかっているとき，それが原因となって別の事象の起こる確率を求めるために使われます。

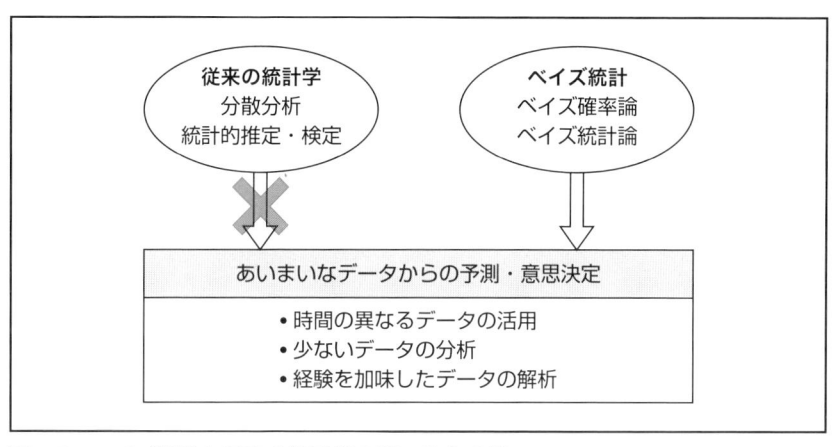

図 1.2　ベイズ統計と従来の統計学の使いみちの違い

　いま，二つの同時には起こらない事象 A と B がある場合，事象 A の起こる確率を $P(A)$ とし，事象 B が起こる条件下で，事象 A が起こる確率を $P(A|B)$ とすると

$$P(A|B) = \{P(B|A) \cdot P(A)\} / P(B)$$

が成り立ち，ここで，$P(A)$ は事前確率，$P(A|B)$ を事後確率と呼びます。

この式は，B が起きたときに A が起こる確率を計算したければ，代わりに A が発生したときに B が発生する確率 $P(B|A)$，A が独立に発生する確率 $P(A)$，B が独立に発生する確率 $P(B)$ の三つを調べればいいことを示しています。

　以上のようにベイズ統計は既知の情報から，ある条件下である事象が起こる確率を予測し，その結果を意思決定に利用しようというものです。

　なお，確率の式を忘れてしまった方は，高校の数学 A の教科書などを参考にしてください。

3　プログラミング言語・ソフトウェア

　データ分析のためのソフトウェアとしては，一般の事務業務などにも用いられる Microsoft Excel や，より高度な分析が実施できる SAS や SPSS がよく知られています。プログラミング言語には近年，注目されている **R**（アール）や **Python**（パイソン）などがあります。

　R は統計解析用のプログラミング言語および環境です。ほかの汎用プログラミングに比べてわずかな行で処理を記述できる利点があり，行列の計算やグラフ作成機能などが標準で用意されています。また，豊富なライブラリが公開されています。

　一方の Python は汎用的に使えるプログラミング言語です。特にデータ分析に特化した言語ではありませんが，数値計算，科学計算，機械学習などに便利なツールなど，データ分析用ライブラリが充実しており，現在，拡張性の観点からデータサイエンスにおいて最も利用されているプログラミング言語の一つです。

　もちろんデータ分析のプログラミングにおいて，R と Python しか用いられないということではありません。オブジェクト指向のプログラミング言語である Java，マルチパラダイム指向のプログラミング言語 Scala，科学技術計算向きのプログラミング言語 Julia などがあります。Java と Scala は大規模データ用ですが，Scala は言語仕様がやや特殊なため，初心者向きではないといわれています。Julia は数式に近い形で処理を記述できる点に特徴があります。**表 1.1** に，それら代表的なソフトウェアの特徴を

まとめます。

表 1.1　よく使われている機械学習ソフトウェア

名称	特徴
(R)	統計解析，機械学習，可視化，データ加工・変換などの手法が利用可能なソフトウェア・プログラミング言語。すべてのデータをメモリ上で使うため，大規模データ処理には不向き
Python	R よりパッケージの開発が遅れているが，データサイエンスに向いた汎用的なスクリプト言語
Julia	科学計算用の新しい言語。MATLAB や R，Python などの機能をあわせもっている
Apache Mahout	Apache Hadoop や Apache Spark といったフレームワーク上で動作する機械学習ライブラリ。大規模並列分散処理が可能
Spark MLlib	Apache Spark 上で動作する機械学習ライブラリ
Jubatus	オープンソースとして公開されている機械学習基盤

4　データベース

データベースは，データの前処理や分析実行のプロセスで必要となります。条件抽出によるデータセット作成や，データの解釈に必要な集計処理の機能が重要です。小規模なデータに基づく分析プロセスでは Excel で作成したデータベースでも十分に役立ちますが，大規模なプロジェクトでは，一般に DBMS（データベース管理システム）が用いられます。

5　多変量解析

多変量解析は，20 世紀初頭からの心理学における因子分析の利用から始まり，生物学，人類学，医学，工学，理学，社会科学の政治学や経済学，社会学，マーケティングなどの多岐にわたる分野への適用などを通して発展してきました。

この手法は，**複数の変数によって特徴づけられたデータを一度に扱い，**

相関関係や目的変数の変動などを調べる統計的な方法です。たとえば，健康診断では身長，体重，視力，血圧，心電図，胸部 X 線検査，尿検査，血液検査，問診など，さまざまな検査項目（上記の「複数の変数」。説明変数といいます）に基づいて，健康状態（上記の「相関関係や目的変数の変動」）が判定されます。

　多変量解析は，説明変数が人口，身長，体重，気温などの**数値データ**か，性別，血液型，職業，配偶者の有無などの数や量で測れない変数である**カテゴリーデータ**か，また目的変数が数値データか，カテゴリーデータか，また用途などによって，いくつかの手法に分類されます（**表1.2**）。

表 1.2　多変量解析のおもな手法

手法	説明変数	目的変数
重回帰分析	両方，数値データ	
判別分析	数値データ	カテゴリーデータ
数量化Ⅱ類	カテゴリーデータ	カテゴリーデータ

　このなかで判別分析は，数量化Ⅰ類（説明変数のタイプが異なりますが，計算は重回帰分析とほぼ同じ）と呼ばれる手法や複数の説明変数からカテゴリーの判別を行う方法の一種です。

　数量化Ⅱ類では，説明変数のカテゴリーデータからの目的変数であるカテゴリーデータの判別や予測が行われます。これらの多変量解析は，解析に際して説明変数とともに目的変数を用いる手法群であるため，**"教師あり学習"**，と呼ばれます（**外的基準がある**ともいわれます）。

　一方，説明変数のみを用いて解析し，目的変数の存在を仮定にとどめ，直接用いない多変量解析の手法群は，**"教師なし学習"** といいます（**外的基準がない**ともいわれます）。このなかには，代表的な手法として主成分分析や因子分析，クラスター分析，カテゴリー変数の説明変数を用いる数量化Ⅲ類などがあります（**表1.3**）。

表 1.3　教師なし学習の代表的な手法

手法	説明
主成分分析	複数の数値データの説明変数から，1 個または互いに独立な少数個の総合的指標を求める方法（次元を減らす方法ともいわれる）
因子分析	与えられた多くの数値データの説明変数間の相関分析を分析して，それらの変数の背後に潜む因子を探ることを意図する
クラスター分析	非統計的手法の一つであり，あるデータ群を数値データの類似性に基づいて分類する方法。階層的クラスター解析と非階層的クラスター解析とに分けられる
数量化 III 類	カテゴリー変数の説明変数を用いる手法

　以上のような多変量解析法における解析は，かなり複雑なアルゴリズムに基づいていて，コンピュータなしでの解析は実質的に不可能です。そのため，コンピュータの高性能化とともに利用が拡大してきた統計手法の一つです。

　このほかにも，時間経過の中で生じる現象を解析する時系列分析に用いられるロジスティック回帰分析，主成分回帰分析や PLS 回帰分析といった手法があります。さらに，近年では非統計的手法として，柔軟性のあるニューラルネットワークやサポートベクターマシンも上記のような統計的手法と同じ目的で用いられることが多くなっています。

　さらに，従来の多変量解析の適用事例では，因子分析，重回帰分析，判別分析といった単一の手法が適用されることが多かったのですが，近年は複数の手法が併用されたり，ニューラルネットワークと組み合わせた分析も行われるようになってきています。

　多変量解析のうち，特によく用いられる重回帰分析，主成分分析，判別分析，クラスター分析などは，ニューラルネットワークとサポートベクターマシンとともに第 5 ～ 8 章で説明します。また，多変量解析のうち，パターン認識で用いられるものは第 4 章でみていきます。

6 パターン認識

　ある対象・事象を，それらが持つ特徴に基づいてその特性を客観的に表現する試みを**パターン認識**といいます。このとき，2種の特徴を使えば2次元パターン，一般にn種の特徴であればn次元パターンといいます。そして，このようなパターンがどのような**クラス**（カテゴリー）に属するかを予測・決定することが可能になります。ある同一のクラスに属する複数個のパターンは，それぞれを詳細にみると細かな点では違いがありますが，総体としての共通性をもっているはずです。したがって，複数のクラスが存在するとき，ある一つのクラスから取り出された一つのパターンは，再びこれを元のクラスに帰属しなおすことが可能です。これがパターン認識を種々の分野の問題に応用するときの基本的な考え方です。

　パターン認識の対象となるデータは，変数間に何らかの相関が存在する多変量であり，先に説明した多変量解析，サポートベクターマシン，ニューラルネットワークなどの手法も適用できます。**図 1.3** にパターン認識の分類を示します。

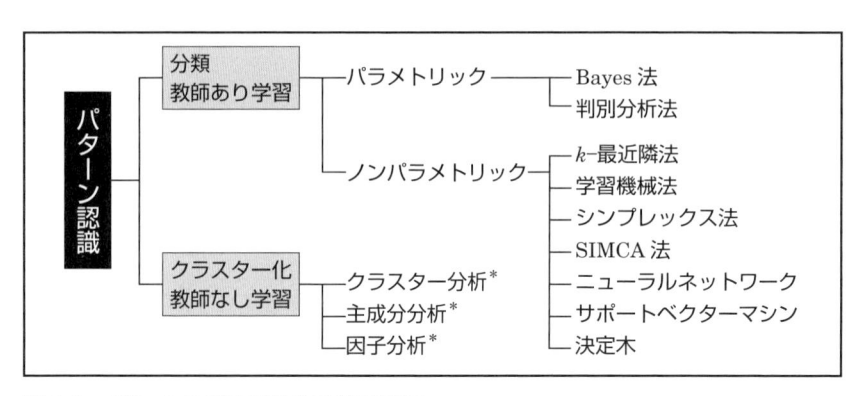

図 1.3　パターン認識の分類と関連の手法
　　（*を付したものは多変量解析の分類に含まれるもの）

　パターン認識は，多変量解析と同様に訓練集合を用いて分類を行う教師あり学習と，クラスター化という，クラスについて何ら予備的な知見を与えられていないパターン集合を，各パターンの類似度または相違度によっていくつかのクラスターに分割する教師なし学習とに大別されます。

7 機械学習

人間の学習能力を機械で実現することを目指して発展してきたもので，人工知能の分野が起源になります。**機械学習**では，データから何らかの法則を見出して数理モデルを仮定し，そのモデルのパラメータを実際のデータに合うように最適化を行って学習します。その構築されたモデルを用いて，新しいデータの予測や既存のデータの構造を理解することを行います。

多変量解析，パターン認識，サポートベクターマシン，ニューラルネットワーク，ディープラーニングなどが機械学習の代表的なものになります。

8 データの視覚化

データをグラフや表など，適切な形で可視化することで，視覚的に特徴を捉え，データを直観的に理解することが容易になります。グラフについては，代表的なものに次のようなものがあります。
- ・折れ線グラフ（時系列データのグラフ化に適する）
- ・棒グラフ（各項目の大小を比較する）
- ・ステレオグラム（3次元縦棒グラフ）
- ・円グラフ（割合を見る）
- ・散布図（2つの項目の関係を見る）
- ・ヒストグラム（着目した項目のデータの特徴をつかむ）
- ・パレート図（各項目および累計データの全体に占める割合を見る）
- ・顔グラフ（複数の変数のデータの全体的特徴をつかむ）

これらのうち，特に重要なものは第2章でとり上げます。

9 データマイニング

データマイニング（data mining）は，大量のデータから新しい知見や傾向を発見することに重きを置いた技術です。実際には，大規模なデータから類似のデータの集まりを見出し，その集まりを作るときのパターンを見つけ出します。

デ タマイニングのよく知られた例に，米国のスーパーマーケットで記録された過去の売り上げ記録の分析で，紙オムツと缶ビールの売り上げが連動していることが発見されたものがあります。これは，奥さんにお父さんが頼まれて紙オムツを買うとき，ついでにビールも買ってしまうケースが多かったということです。そのほか，品質管理，在庫管理，株価予測，金融予測，医療での臨床データに基づく治療への応用，天気予報などへの応用が考えられます。

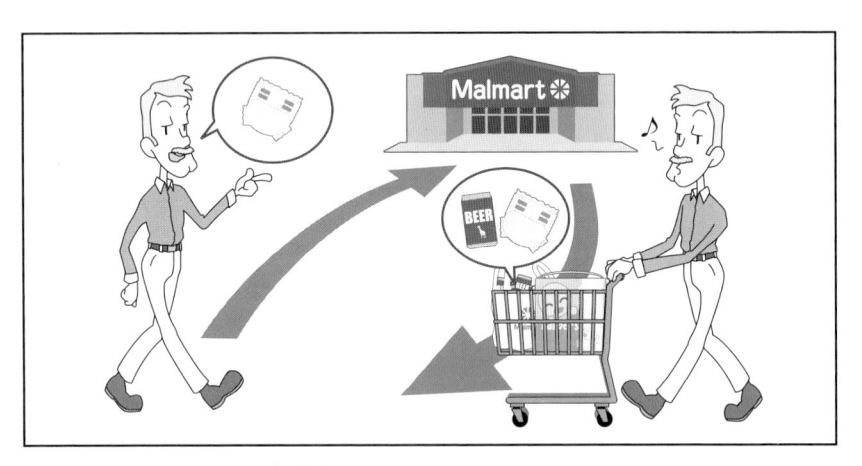

図 1.4　データマイニングの例

データマイニングで扱う元々のデータは，ノイズも多く，混沌としたものです。大量のデータの山から有用な情報や知識を見つける技術であり，データサイエンスの領域内ではデータの分析とモデル化を行う領域と捉えられます。しかし現在では，そのカバーする領域はほとんどデータサイエンスと重なり，明確な区別が難しい場合が多くなっています。両者をあえて区別すると，データ分析の技術を中心とするものがデータマイニングであり，その分析結果の活用を中心とする科学がデータサイエンスともいえるでしょう。

また，データマイニングと統計解析の違いは，統計解析は一般にデータ量が少なく，データの集まりに対して要約したり，一部のデータから全体

のデータを推測することを主とします。一方，データマイニングはデータ量が多く，数値データだけではなく，テキストデータ（文字），画像データ，音声データなど，さまざまな種類を扱い，データベースで管理されます。さらに，データマイニングでは，知識発見だけではなく，統計解析と同じように仮説検証も含み，集積されたデータは，統計解析，パターン認識，ニューラルネットワーク，機械学習などさまざまな方法で分析されます。したがって，統計解析はデータマイニングで使われる一つの手法に含まれるとみなすことができます。

10 テキストマイニング

テキストマイニングは，コンピュータを使って，大量のテキストデータ（新聞や書籍，ホームページ，メールなどの文字配列情報のこと）を分析し，テキストの中に埋没している有用な情報を探し出す技術です。応用事例で，最も導入が進んでいるのはマーケティング分野になるでしょう。特に顧客からの質問やクレームが大量に寄せられるコールセンターやサポートセンターでの大量のテキストデータ，アンケート調査の自由記述式の回答などからの意見分析があります。これらは，顧客の嗜好，考え方や行動を知る上で有用な情報になります。

テキストマイニングでは，人間の言語を分析する自然言語処理と呼ばれる手法が用いられます。自然言語の分析は，

(1) 形態素解析（単語の抽出）
(2) 構文解析
(3) 意味解析
(4) 文脈解析

のような要素技術によって行われます。このうち，形態素解析は，文章の品詞を判別して品詞単位に分解します。たとえば，

　　「私は，ペンを持っています」

という文章を形態素解析すると，

　　「"私""は""ペン""を""持つ""て""い""ます""。"」

のように品詞群に分解されます。このような処理によって，主観的な文章

から，分析された単語などの各言語要素は，"特定分野の専門用語の出現頻度"など数値化したデータに置き換えられ，クラスター分析などの種々のデータサイエンスの手法によって分析・利用されることになります。

　テキストマイニングの応用例としては，生命科学分野においてゲノムの配列情報から意味のある情報（遺伝子やその発現を調整している部分）を見つけ出すことに使われています。さらに，テキストマイニングは，あるゲノム情報が得られたとき，遺伝子領域の特定，データベースからの似た塩基配列情報を持つ近縁種の遺伝子の配列からの機能の推定，得られた結果のデータベース化などをおこなう「アノテーション」と呼ばれる技術を支援する技術として位置づけられています。

📊 1.3　AI の時代

　ここまでニューラルネットワーク，ディープラーニング，サポートベクターマシンといったことばが何度も出てきました。これらは人工知能（AI），とくに機械学習の技術分野の一つです（**図 1.5**）。現在，AI はデータサイエンスにかかせないものとなっています。本節では，AI のおおまかな歴史と，活用事例を紹介します。

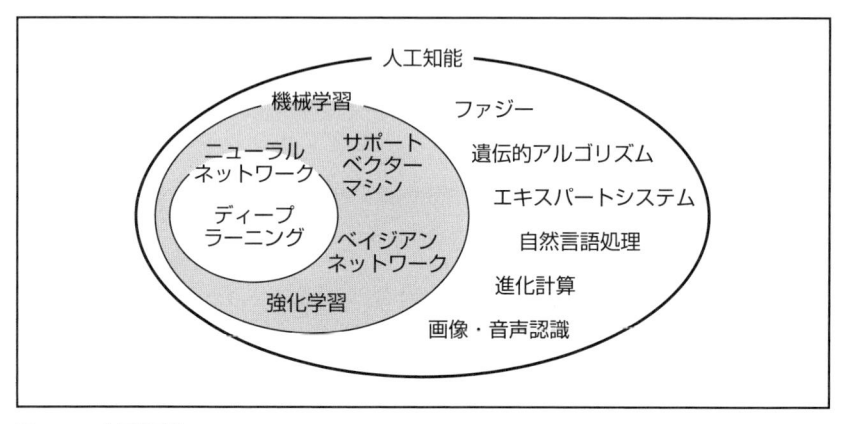

図 1.5　人工知能

1 AI と IoT の歩み

人間のようにモノを認識したり学習する**人工知能**（**AI**：artificial intelligence）の急速な進歩で，私たちの仕事や日常生活は大きく変わりつつあります。AI は，いまや産業や医療，ゲームなどの分野で身近な存在になっています。

（1）AI という名称

AI は 1956 年に開催されたダートマス会議で提唱され，その後，1960 年代から我々が日常的に使う言語をコンピュータが理解・処理する「自然言語処理」や「エキスパートシステム」が誕生しました。

エキスパートシステムは専門家の問題解決のプロセスを模倣したプログラムであり，対象分野のデータを収集・整理した知識ベース，ルールを構築する推論エンジンおよび外部とのインタフェイスがおもな構成要素でした。

知識ベースの基礎は if, then, else, and, or などで表される規則でプログラムに組み込まれ，論理型言語や関数型言語に分類される LISP や PROLOG などの自然言語に近いプログラミング言語が使われていました。

（2）1980 ～ 1990 年代

1890 年代に入るとコンピュータの進歩とともに，人間の脳の神経回路の仕組みを模したニューラルネットワークの研究・開発が進みました。またエキスパートシステムの実用化が広く進められ，世界の多くの企業で用いられました。

1990 年代にはデータマイニング，ビッグデータ，データ解析技術，知識ベースなどの開発が進み，1997 年，IBM が開発したチェス専用のスーパーコンピュータ Deep Blue がチェスの世界チャンピオンに勝利しました。

（3）ディープラーニングの登場

2006 年，カナダトロント大学の Geoffrey Hinton 教授によって，従来のニューラルネットワークを発展させた**ディープラーニング**（**深層学習**）が発表されました。この技術は，ビッグデータのような膨大な数のデータを学習してその特徴を取得するものであり，2012 年には人工知能分

野の画像認識に関する国際大会（ILSVRC：ImageNet Large Scale Visual Recognition Competition）において，従来手法と比べて圧倒的に高い認識率を示しました。

　ディープラーニングによって，文字，音声や画像の認識，外国語の翻訳などの技術が飛躍的に向上し，実社会のデータを使って，自動運転や病気の診断，法律，事務，マーケティング，受付などの接客業などへの応用も期待され，一部の分野では既に人間の能力を凌駕しようとしています。

　AI 技術の研究開発は，ディープラーニングによるブレークスルーによって一段と高度化し，現在は，「第 3 次人工知能ブーム」の時代といわれています。しかし，2008 〜 2013 年までの 6 年間の人工知能をテーマにした世界の研究機関別の論文数 5 744 本のうち，欧州，米国，中国によるものが全体の約 3/4 を占め，日本はわずかに 2％と国際的な開発競争の出遅れが目立っています。

　表 1.4 に人工知能開発のおもな出来事をまとめました。

表 1.4　人工知能開発の歴史

年	おもな出来事	人工知能の流行
1956	「人工知能」（AI）という言語がはじめて使用される	第 1 次人工知能ブーム（推論・探索）
1965	自然言語処理 Eliza	
1972	エキスパートシステム Mycin	冬の時代
		第 2 次人工知能ブーム（知識ベース）
1997	チェスの世界王者が Deep Blue に敗北	
2006	現在の AI ブームを生み出した「深層学習」の論文が発表	冬の時代
2012	AI がディープラーニングで猫の画像を認識	第 3 次人工知能ブーム（機械学習）
2016	囲碁のトップ棋士が AI に敗北	

2 AI の活用

AI は，IoT・ビッグデータとともにビジネスや社会の在り方そのものを根底から変える「第 4 次産業革命」のけん引役として期待されています。現在では，あらゆるものがインターネットにつながり，サイバー空間が急速に拡大しています。日々，膨大なデータが蓄積され，国境がない広大なデジタル空間が広がり，経済活動や私たちの生活にも大きな影響が出始めています。そして，このひらすらに増え続けるデータを分析・活用するために，本書の主題であるデータサイエンスが注目されています。

（1）産業界における AI の活用

たとえば，国内外の自動車メーカーは，無人走行が可能な自動運転車の開発を加速させています。この技術は，AI がミリ波レーダーやレーザー，カメラなどを使って得た情報に基づき周囲の状況を把握して，ブレーキやアクセル，ハンドルなどを操作するもので，米国で研究が先行しています。

日本のメーカーも障害物を探知して減速・停止する自動ブレーキシステムなどの機能を持つ新型車を既に投入し，完全自動運転の実用化を目指した開発が行われています。しかし，完全自動運転の実用化には，新たな法制度の整備が必要とされるなどの課題もたくさんあります。

食品製造業では，繊細な味や香り，微生物を扱うため，熟練職人の技に頼ることが大きかった醸造や発酵の工程管理を AI で代替させたり，職人技を AI に蓄積して熟練技術の伝承に AI を導入する動きが始まっています。

このほか，物流，製造工場（スマート工場），サービス業（ホテルの接客など），従来，勘や経験がものをいっていた農業，建設業などの分野でもロボットと組み合わせることで，効率化・無人化が加速するとみられています。

（2）医療・介護における AI の活用

医療分野では，カルテのデータや画像診断によって AI が医師の診断を支援するシステムの開発が進んでいます。画像診断支援が実用化されると，大量の内視鏡画像やエックス線画像を AI で解析することによって，病変部を見つけやすくなると期待されています。また，2 000 万件もの論文のデータを学習した AI が専門医でも発見が難しい特殊な白血病を 10 分

ほどで見抜き，患者の命を救った事例もでています。医薬品開発に AI を使えば，薬の候補となる物質を発見しやすくなり，効率的な創薬の開発が可能になるとみられています。

　介護の現場では既に実用化が始まっており，人型の AI 搭載ロボットが，高齢者施設の入居者と会話やレクリエーションを行って認知症の予防に役立てる試みが行われています。

（3）金融における AI の活用

　IT を活用した先進的な金融商品・サービス「**フィンテック**（FinTech）」でも AI は中核技術に位置付けられています。銀行，保険，証券各社は，膨大な情報を瞬時に処理できる AI の導入によって人手のかかる事務手続きの負担を軽減して業務の効率化を目指したり，新たなサービス・商品の開発にも役立つとして AI を活用し始めています。

（4）行政サービスにおける AI の活用

　AI は行政サービスにも利用され始めています。横浜市では，現在，AI 技術を使い，ごみの出し方を対話形式で案内する「イーオのごみ分別案内」の実証実験を行っています。システム上で，イーオと呼ばれるチャットボットに調べたいごみの品目を話しかけると，イーオが分別品目や出し方を回答してくれます。

（5）気象予測における応用例

　ところで，地球温暖化の進行によって，世界では異常気象が頻発し，気候大変動の時代に入っているとされています。米国では，すでに AI を使った全く新しい気象予測が開発され，成果を上げ始めています。データが爆発的に増加し，ビッグデータを活用した気象予測の新たな時代に差しかかっています。

　従来の気象予測は，まず気象予測モデルに基づいてコンピュータが数十通りの予測をはじき出します。それを予報官が過去の経験などに基づいて，絞り込みます。それに対して，AI を使った方法では，まず，世界各国の予測モデルが予測した過去 30 年分の予測と実際に観測されたデータをすべて学習し，どういう場合に誤差が生じやすいかを分析し，種々の予測モデルの予測傾向を把握します。次にその傾向を反映させて新たに数万

通りの予測を計算し，その膨大な予測結果の中から最も優れた予測を AI 自身が絞り込んでいきます。

このような AI の予測が効果を発揮した例の一つが，2015 年のハリケーン「ホアキン」で，カリブ海のバハマ諸島に接近したとき，最大瞬間風速 66 m/秒を観測し，米国の気象当局はワシントン周辺など本土への上陸を予測していました。ところが，AI は，ハリケーンの進路が米国東海岸から北東にそれる可能性が高いと予測し，実際にホアキンの進路が AI の予測にほぼ一致したことが確認されました。AI を使うことで，過去の膨大なデータを活用でき，予測誤差を体系的に把握し，より正確な予測ができるようになって，ハリケーンの進路・強度予測が約 30% 向上したといわれています。

以上のように AI は，わたしたちの暮らしを便利にし，企業の競争力などを大きく向上させる可能性があります。家庭の中にも，AI を活用したロボットや家電，AI スピーカー（音声で操作し，インターネット通販を利用したり音楽を聴ける），家具などが，これからどんどん入り込んできて，私たちの暮らしは変わっていきます。

一方，AI が私たちの仕事を奪うことを危惧する予測も出始めています。民間企業や官庁の一般事務，バスやタクシーの運転手，小売店のレジ係，銀行窓口係，組み立て作業をする製造工などが AI やロボットに将来代替される可能性の高い職業として挙げられています。さらに，他者に危害を加えるような意図をもって AI が悪用されたり，人間の能力を超えた AI が人間に危害を加えたりすることのないよう AI 自身が倫理指針を守ることが必要になります。

今後，AI が人類の知能を超える転換点（シンギュラリティ）を迎え大規模な経済社会の変革が予想される中で，AI やロボットなどを手段として使いこなし，人と AI が共存できる社会づくりが重要です。

第 1 章のポイントと課題

☑ データサイエンスは，ビッグデータなど多種多様で膨大な量のデータの収集・分析によって，私たちにとって有益な定量的・客観的な情報や関連性を導き出すためのサイエンスである。

☑ データサイエンティストは，統計学や機械学習などのデータ分析の手法をコンピュータ上で駆使して，種々のデータから有用な情報を抽出して問題を分析・解決する職種である。

☑ データサイエンスで使われる分析手法には，データベース，統計学，多変量解析・パターン認識，ベイズ理論，テキストマイニング，機械学習，データの視覚化などがある。

☑ 人工知能（AI）は，ディープラーニングの登場によって実社会での実用化が進み，現在は第 3 次人工知能ブームの時代といわれている。

📖 1980 年代に研究開発が盛んに行われたエキスパートシステムの成功は限定的であったとされています。用いられていた知識ベースにおける推論方法について調べてみましょう。

📖 AI の身近な応用例を調べてみましょう。

第2章
データと前処理

　ビッグデータと呼ばれるような多種多様な情報やデータがあふれる今日，それら膨大な情報を目的に応じて視覚化，数値化し，分析して活用することが求められています。本章では，ビッグデータとはどんなものかをまず確認し，データベース，基本的な統計量，データの解析手法についてみていきましょう。

📊 2.1 ビッグデータとは

　私たちの身のまわりには，いろいろな情報やデータがあふれていて，目的に応じて種々の形で視覚化，数値化されています。気温や降水量，人口，国民所得，身長や体重，運動の記録，自動車の販売台数，商店の売上高など，ある特性を表す数量を**変量**といい，数学的には，ある変量の測定値や観測値の集まりを**データ**といいます。

　それらのデータのうち，近年，注目を集めている**ビッグデータ**とは，その名前の通り"大規模なデータ"ということですが，その定義については種々の議論があります。情報通信白書（総務省）では「データの利用者やそれを支援する者それぞれにおける観点からその捉え方は異なっているが，共通する特徴を拾い上げると，多量性，多様性，リアルタイム性等が挙げられる」と述べられています。

　ビッグデータは，データ規模の量的側面だけでなく，どのようなデータから構成されるか，また，そのデータの利用のされ方という質的側面において，従来のシステムとは大きく異なります。ビッグデータという用語が盛んに使われるようになった背景は，インターネット，携帯電話，スマートフォンなど情報通信技術の発展・普及による多種多様なデータの蓄積があります。Facebook や Twitter，LINE などの SNS，Amazon や楽天などの EC（電子商取引）サービス，コンビニのレジなどの POS サービスなども有用な情報となり，さらに IoT（internet of things；あらゆるモノがインターネットを通じてつながること）の進展によって，データの生成，収集，蓄積などが容易になったことがあります。

　また，各種気象情報，温度，湿度，風速や天候などを測定する各種センサーや，現在地を測る GPS（全地球測位システム）が私たちの生活を支えています。それらのセンサー機器が M2M（machine to machine：機器間通信）と呼ばれるネットワークでつながっています。このようにして世界の情報量は指数関数的に増加し，生み出される情報の大半は音声，画像，動画，テキストといった非構造化データです。

　現在，すでに活用が進んでいるビッグデータの分野には，**図 2.1** のよ

うにオンラインショッピングサイトやブログサイトにおいて蓄積される購入履歴やエントリー履歴，会員カード情報，ダイレクトメールなどの販促データ，ウェブ上の配信サイトで提供される音楽や動画等のマルチメディアデータ，ソーシャルメディアにおいて参加者が書き込むプロフィールやコメントなどのソーシャルメディアデータがあります。たとえば，全日食チェーンでは，月間1億2千万件のPOSデータを毎日分析し，加盟店の品ぞろえ，販売価格，発注量などを統計的に評価し，加盟店に利益の最大化を提案しているとされます。

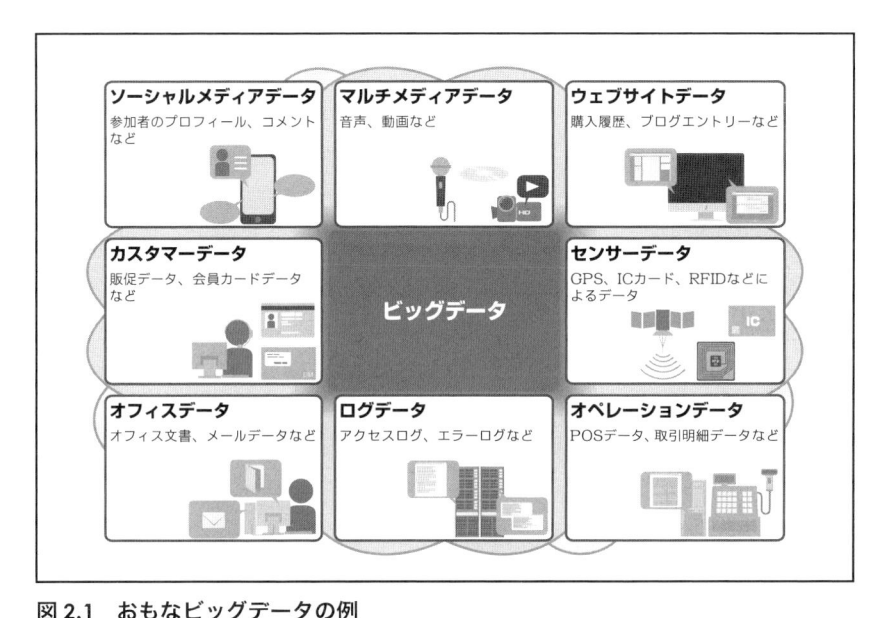

図 2.1　おもなビッグデータの例
（出典）情報通信審議会 ICT 基本戦略ボード「ビッグデータの活用に関するアドホックグループ」資料より作成

　今後の活用が期待される分野の例には，GPS，IC カードや RFID（商品などに付けられた IC タグを無線で読み取り，管理を行うシステム）において検知される，位置，乗車履歴，温度といったセンサーデータなどがあり，さまざまな分野でのデータが想定されています。さらに個々のデータのみならず，各データを連携させることで，より高い付加価値の創出も期

待されています。2017 年 5 月に全面施行された改正個人情報保護法によって，個人に関するさまざまなデータを個人の特定につながらないよう「匿名加工」した上でビジネスのために流通させることが可能になりました。匿名加工したビッグデータの活用は，特定の企業の利益ばかりでなく，社会全体の恩恵も大きいと期待されています。

📊 2.2　データベースとデータの収集

1　データベースの種類

　従業員の情報，顧客情報，勤怠データ，日々の売上など，一つの企業のなかだけでも，管理が必要なデータは多岐にわたります。**データベース**という用語は，私たちの日常生活に浸透していますが，「必要なデータを集めたもの」という程度の意味として解釈している人が多いのではないでしょうか。元々は 1950 年代，米国国防総省が世界中に展開していた米軍戦力に関する情報の集中管理のためにコンピュータ技術を駆使したライブラリーを開発し，これを「データの基地（data base）」と呼んだことが始まりとされます。

　データベースの定義は，著作権法では，「論文，数値，図形その他の情報の集合物であって，それらの情報を電子計算機を用いて検索することができるように体系的に構成したものをいう。」とされています。一方，日本工業規格（JIS）による情報処理用語（データベース）では，「適用業務分野で使用するデータの集まりであって，データの特性とそれに対応する実体の間の関係とを記述した概念的な構造によって編成されたもの。」と定められています。これらの定義に共通する特徴は，"データや情報がコンピュータ処理できる電子的であること"です。データベースには，電子化されていない書籍など広い意味では紙媒体のデータベースも含まれますが，今日の情報化社会では一般的に「データが電子化されていて，コンピュータで処理できるように整理された多数のデータ」のことを総称してデータベース（database）と呼ばれています。

　データベースは，通常，複数の**ファイル**から構成されます。ファイル

は，目的とする対処物に関連するデータを集めたものです。そのファイル間の関連性をどのように表現するかで，種々のデータベースの種類があります。ファイル間の関連性は，ファイル間の**レコード**（一つのデータ値の集まりで顧客情報であれば，顧客番号，顧客名，購入商品リスト，住所，電話番号などのデータ）の関連性であり，あるファイルのレコードが，別のファイルのどのレコードと関連するかを示すものです。

　その代表的なものにデータを表の形にまとめた**リレーショナルデータベース**（関係データベース：RDB と略します），データを木のような構造に関係づける階層型データベース，データに任意のタグと呼ばれる印を付けて格納する XML 型データベースなどがあります。このうち，RDB は現在，最も広く使われていますが，最近ではビッグデータの普及など，データベースを取り巻く状況が大きく変わりました。取り扱う情報量が膨大になり，しかもデータの種類も多種多様になった結果，RDB の仕組みでは対応が難しい場面が増えてきたからです。そのため，RDB とは異なる仕組みのデータベースもあらためて注目されるようになってきています。しかし，データを構造化して取り扱うことができ，厳密なデータの整合性が必要な場面では RDB が使われ，その重要性は変わっていません。

2　リレーショナルデータベース（RDB）

　RDB（relational database）は，関係モデルというデータモデルに基づくもので，データを 2 次元の表形式で保持・管理します。**図 2.2** に示すように複数の表から成り立ち，一つの表だけでは不足している情報を，ほかの表を参照することでわかるようになっています。データ収集の結果，得られたデータが各表の中に書き込まれます。表を複数に設定し，一つ目の表に対して共通で利用することで，ディスク領域の無駄をなくし，更新の手間が省略できるという長所があります。

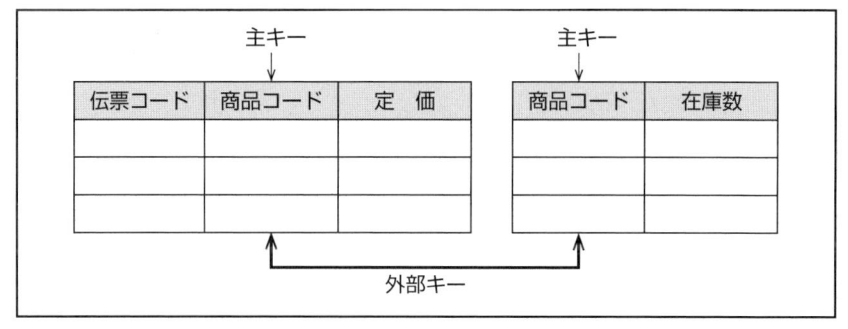

図 2.2　リレーショナルデータベースの構造

　データを収集して得られたものがこのような表（テーブル）の中に入力されます。個々のデータは，行（レコード）などと呼び，行を構成する多数の項目のことを列（フィールド）と呼びます。表の中で，行を識別するためのある特定の列を**主キー**，ほかの表の列と関連づけるとき，対応するほかの表の列を**外部キー**と呼びます。外部キーを使うことによって，複数の表を組み合わせて複雑なデータ構造を扱うことができ，その操作を**結合**といいます。たとえば，社員番号と氏名が記録された表と社員番号ごとの人事情報などを記録した表を社員番号という主キーで関連付けることで，両者のテーブルを関連付けし，お互いのデータを結合させた情報を参照することができます。

　RDB の構築にあたっては，検索が可能になるように**正規化**と呼ばれる作業が必要になります。代表的な正規化の方法の手順は，次の 3 段階です。

　第 1 正規化：データの重複や複数のデータがあるものを補正

　第 2 正規化：主キーによって各列の値が決まるように調整

　第 3 正規化：主キー以外の列によって各列の値が決まらないように調整

　適切に正規化が行われたデータベースは，データの一貫性が確保され，効率的なデータアクセスが実施できることになります。

　RDB では，SQL というデータベースを操作する言語を用い，データの操作や定義を行い，データの検索，項目の追加，変更，削除，表の作成，削除，変更，データ変更の確定，取消しなどの処理，複数の表を関連付け

ることなどの処理ができます。

　データベースの管理は，**リレーショナルデータベース管理システム**（RDBMS）を通して実施します。RDBMS は，RDB の構築や利用，運用に必要になる利用環境（SQL）の提供やアクセス制御，データ保護，障害復旧など，統合的な環境を提供するシステムのことです。商用の RDBMS には Oracle 社の Oracle Database，Microsoft 社の SQL Server，IBM 社の DB2 などの製品があり，パソコン用のものには Microsoft 社の Access などがあります。またオープンソースの MySQL や PostgreSQL などもよく使われています。

2.3　時系列データ

　時間の経過とともに観測されるデータを**時系列データ**といいます。時系列データは，グラフ上では時間の古いデータから新しいデータへ，左から右に時間順に線で結んで表示されます。為替レートや株価，消費者物価指数，鉱工業生産指数など経済状況を知る際に用いられるデータのほか，気温，湿度，風速，降水量，日射量，日照時間などの気象の時間・日別データや官公庁が公表している各種の統計資料などがあります。

　データの観測頻度は，年に 1 回データが観測される年次データのほか，半期，四半期，月次，週次，日次，時間データなどさまざまです。年次データの場合，暦年ベース（1 月〜 12 月）か年度ベース（日本では 4 月〜翌年 3 月）であるかに注意する必要があります。経済関係の時系列データは，日銀が発表する通貨供給量のような，ある時点での状態をとらえたストックデータと，ある GDP（国内総生産）のような期間内の発生量や変化量に対応したフローデータがあります。

　時系列データの分析は，データを可視化して，データの特性を見極めることが重要です。時系列データの特徴をみるためには，表のままみる場合のほか，時間の変化を横軸にとってデータをプロット（時系列プロット）した折れ線グラフ，棒グラフ，円グラフ（パイチャート）などを用いる方法があります。

図2.3に，3年間の円−ドル為替レートおよび日経平均株価の例を示します。上昇傾向や下降傾向の推移や，時折大きな変動があることがよくわかります。同じデータでも，観測間隔を変えることによって，グラフの形状は，さまざまに変化するのです。

図2.3　円−ドル為替レートおよび日経平均株価の時系列変化の例

　このような時間的変化を追って，データがどのように変動するかを調べる方法に**時系列分析**があります。そのおもな目的は，過去のデータから変化の規則性を見出し，将来の予測を行うことです。さらに，過去の広告や販売活動などの施策の効果の評価に利用することもあります。

　時系列データのなかには，経済成長などに伴いインフレやデフレによって貨幣の価値が変わることがあるため，そのままでは正しい分析ができず，貨幣価値の調整が必要になります。その時点での価格（物価）により表した金額を「名目値」に対して，ある基準時の価格で表した金額を「実質値」といいます。実質値は名目値をある時点を基準とした価格指数で除することで求められます（実質値＝名目値 / 価格指数）。

一般に時系列データの変動要因は，長期的な変動や周期的な変動である傾向・循環変動，季節ごとに繰り返される季節変動，不規則変動の三つに分解できます。時系列データは，それら三つの変動の組合せとして考えられ，総和として考える**加法モデル**，積として考える**乗法モデル**があります。一般的に加法モデルが用いられます。各変動は，元のデータからまず，傾向・循環変動を算出，次いで季節変動，残りを不規則運動として算出することができます。また，長期的なスパンでみたとき，増加の傾向と逆に減少の傾向を示すトレンドがありますが，簡単なトレンドを算出する方法に**移動平均法**があります。この方法は，基点を移動しながら一定区間の平均値を求めていくものであり，長期的な傾向を掴みやすくすることができます。

📊 2.4　基本統計量

　データ全体の特徴や傾向を数値で表す基本統計量には，数多くの種類がありますが，ここでは**図 2.4** に示す代表的なものを取り上げます。変動しているデータの集団を一つの数値で代表させた値を**代表値**といいます。まず，データの 3 種類の代表値である平均値，中央値，最頻値についてみていきます。

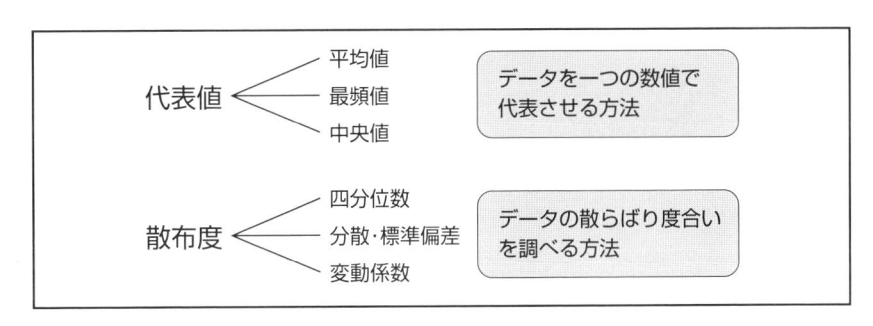

図 2.4　基本統計量の種類

① **平均値**（mean）

データの値の合計をデータの総数で割った値です。日常では，平均気温，平均賃金，平均点などの言葉を使うことがあります。

② **中央値**（median）

データを数値の大きさの順に並べたとき，ちょうど中央の位置にくる値を中央値（またはメジアン）といいます。データの個数が偶数のときは，中央二つの値の平均値を中央値とします。

③ **最頻値**（mode）

データにおいて，最も個数の多い値を，そのデータの最頻値（またはモード）といいます。衣類や靴の最も売れ行きのよい色やサイズなどを知りたい場合に，最頻値はよい代表値になります。

以上，数値で示されている**数量データ**の場合の 3 種の代表値を挙げましたが，どれを使えばよいかは一概にいえず，目的に応じて使い分けることが大事になります。

データの分布の山が一つで，完全に左右対称の場合には，3 種の代表値は完全に一致します。分布が左右対称ではなく，右に裾が長い場合，最頻値＜中央値＜平均値の順に値が大きくなります。逆に，左に裾が長い場合には，平均値＜中央値＜最頻値の順に値が大きくなります。

一般に**外れ値**（異常に飛び離れた値）がある場合や分布が歪んでいる場合には，平均値は外れ値や分布の端の値の影響を受けやすいですが，中央値は順番に並べた真ん中の値であるため，外れ値などの影響を受けにくく，中央値で判断する方が適切です。したがって，分布の形によってどの代表値を用いるかを判断することが重要です。

一方，性別，血液型，タバコ喫煙有無など文字で示される**カテゴリーデータ**は，データの大小関係の比較はできません。この場合には，**割合**（比率）が使われます。

データは，その散らばりぐあいも，データ全体のもつ特徴の一つであり，代表値ではとらえられないものです。そこで，中央値あるいは平均値をもとにして，散らばりぐあいを表す値に次のものがあります。

④ **四分位数**

代表値ではデータの散らばりぐあいはとらえられないため，データの最小値から最大値までの差を，データの**範囲**といいます。データの中に極端に離れた値があるか否かによって，データの範囲は大きく変化します。そのため，データの中央値をもとに，散らばりの度合いを比較する方法に四分位数があります。この指標は，データを大きさの順に並べたとき，4等分する位置の値であり，小さなほうから順に**第1四分位数**，**第2四分位数**（＝中央値），**第3四分位数**と呼ばれます。

四分位数は箱ひげ図（2.6節3項）などに用いられます。

⑤ **分散・標準偏差**

これらは平均値をもとに，データの散らばりぐあいを一つの数値で表す指標です。平均値・中央値・最頻値が同じであっても，分布の形が同じとは限らないからです。

それぞれのデータの値と平均値との差を**偏差**といいます。データが平均の周りに集まっていて，散らばりが小さいときの偏差は0に近い値が多くなります。散らばりが大きいときの偏差は，絶対値が大きな値が多くなります。偏差の合計は0になります。そこで，偏差の2乗の平均値を**分散**といい，記号 s^2（s の2乗）で表すと，それらはすべて0または＋の値になります。しかし，分散の単位は元のデータの単位が2乗されたものになり，分散は元の単位で評価しづらいという欠点があります。そのため，元のデータの単位と同じにするため，分散の正の平方根を**標準偏差**といい，記号 s で表します。たとえば次のデータは，5人の中学生の100点満点の数学のテストの得点 x（単位は点）とします。

表2.1　5人の中学生の100点満点の数学のテストの得点

得点 x	68	86	52	63	70	計 339
$(x-\bar{x})^2$	0.04	331.24	249.64	23.04	4.84	計 608.8

平均値 $\bar{x}$ は，$\bar{x} = \dfrac{1}{5} \times 339 = 67.8$

よって，分散 s^2 は，$s^2 = \dfrac{1}{5} \times 608.8 = 121.76$

標準偏差 s は，$s = \sqrt{121.76} \fallingdotseq 11.03$〔点〕

データの値が平均値の周りに集中しているほど，それぞれの偏差の絶対値は小さくなり，分散と標準偏差も小さくなる傾向があります。

⑥　**変動係数**

標準偏差の値を平均値の値で割ったものであり，相対的な標準偏差の指標となります．たとえば，次の学生 5 人の身長と体重のデータを考えてみましょう。

表 2.2　5 人の身長と体重のデータ

名前	身長〔cm〕	体重〔kg〕
A	174	58
B	160	70
C	168	63
D	172	66
E	178	68
平均値	170.0	65.0
標準偏差	5.5	5.0
変動係数	**0.032**	**0.076**

身長と体重のどちらのデータの変動が大きいかは，単位が異なるため，両者の平均値や標準偏差の値を比較することができません。そこで，変動係数を計算すると，体重 0.076 で身長 0.032 より大きく，体重の変動のほうが大きいことがわかります。

📊 2.5　クロス集計

カテゴリーデータの関連性を調べる最も簡便な方法が，**クロス集計**です。この手法は，二つの因果関係をかけ合わせて集計する分析手法であり，収集したデータをさまざまな角度から見ることができ，項目相互の関

係を明らかにすることが可能です。

　クロス集計では，基本的に 2 変数のカテゴリーの組合せごとに数値の合計や比率を算出し，集計表を作ります。たとえば，**図 2.5** の例のように，人の健康状態と関係があると思われる項目（喫煙と飲酒）と性別について調査したデータを考えます。このデータから三つのクロス集計表を作ることができます。さらに，ここでは割愛しますが，「喫煙かつ飲酒」を組み合わせたクロス集計が作成でき，このようなクロス集計の分析軸を重ねていくことを**多重クロス集計**といいます。喫煙と飲酒という二つの視点を重ねる場合，2 重クロス集計になります。クロス集計表のデータは，帯グラフなどを使って視覚的に表現するなど分析することによって，どの項目が最も影響があるかを評価することができます。

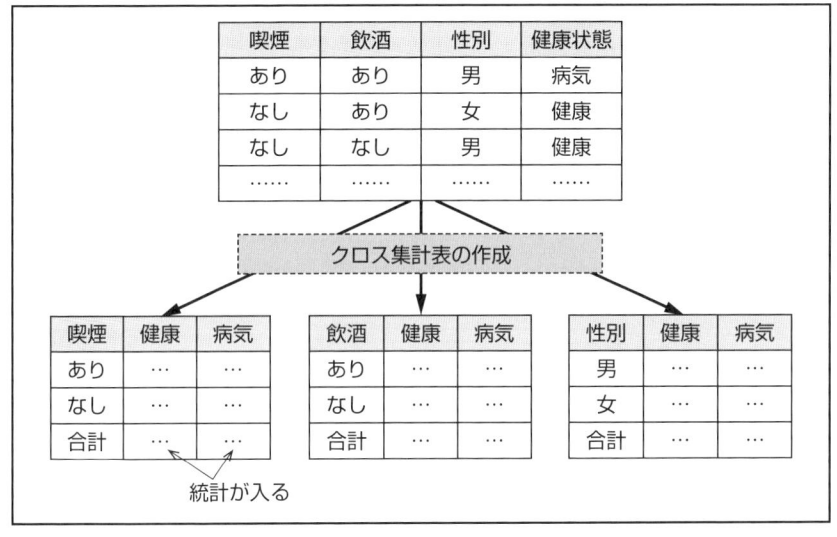

図 2.5　クロス集計の作成例

　クロス集計は，分析の基礎から応用まで使用頻度が高い手法であり，表計算ソフトやデータベースソフトの主要な機能の一つです。Excel では，クロス集計の機能が「ピボットテーブル」という名称で搭載されています。

📊 2.6 データの整理・視覚化

データの数が 20 程度と少ない場合には，簡単な表ですみますが，データの数が多くなると，次のような図表がデータの整理とその意味を視覚的に理解する有効な手段で，目的に応じてさまざまな種類があります。また，これらは，外れ値を摘出するための手段としても役立ちます。

1 度数分布表

次に示す**表 2.3** のデータは，2015 年時点の都道府県別の人口 100 人当たりの自動車保有台数（自動車検査登録情報協会のデータによる）です。

表 2.3　2015 年時点の都道府県別の人口 100 人当たりの自動車保有台数

都道府県	人口 100 人当たりの自動車保有台数〔台〕
北海道	51.32
青　森	54.71
岩　手	56.81
…	…
東　京	23.46
…	…
大　分	58.12
宮　崎	59.48
鹿児島	55.83
沖　縄	55.67

このデータの大まかな分布を知るために，データをある幅ごとに区切ってその中に含まれるデータの個数を見るという方法があります。このような表のことを**度数分布表**といいます。**表 2.4** は，上の各都道府県の自動車保有台数を度数分布表にまとめたものです。

表 2.4　表 2.3 のデータの度数分布表

台数の階級〔台〕	階級値〔台〕	度数〔都道府県数〕	相対度数
23.5 以上〜 28.0 未満	25.75	1	0.021
28.0　　〜 32.5	30.25	1	0.021
32.5　　〜 37.0	34.75	1	0.021
37.0　　〜 41.5	39.25	2	0.043
41.5　　〜 46.0	43.75	2	0.043
46.0　　〜 50.5	48.25	3	0.064
50.5　　〜 55.0	52.75	8	0.170
55.0　　〜 59.5	57.25	16	0.340
59.5　　〜 64.0	61.75	7	0.149
64.0　　〜 68.5	66.25	6	0.128
計		47	1.000

　この表の区間を**階級**といい，この度数分布表では台数を 4.5 ごとに区切った区間であり，各階級に入っているデータの個数を**度数**，また，階級の真ん中の値を階級値といいます。度数分布表の階級の幅は，データ全体の傾向が最もよく表されるように，適切な大きさの選択が重要です。各階級の度数を度数の合計で割った値，すなわち各階級の度数が全体に占める割合のことを**相対度数**といい，度数の合計が異なるデータの比較に用いられます。

2　ヒストグラム

　ヒストグラムは，量的データの分布の様子をみるのに用いられます。データをいくつかの階級に分け，度数分布表を作成してから描写します。横軸にデータの値を，縦軸に度数を取ります。ヒストグラムは一見棒グラフに似ていますが，その面積が度数を表しているので，階級の幅が異なる場合には高さに注意が必要です（たとえば，階級の幅が 2 倍になったときには，長方形の横の長さが 2 倍になり，縦の長さが 2 分の 1 になります）。上の都道府県別の人口 100 人当たりの自動車保有台数をヒストグラムに表すと**図 2.6** のようになります。

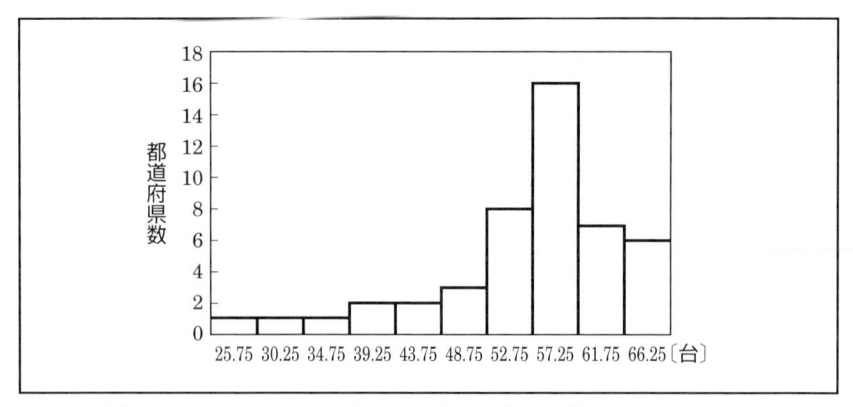

図 2.6 都道府県別の人口 100 人当たりの自動車保有台数のヒストグラム

3 箱ひげ図

　四分位数を用いて，データのばらつき具合を見やすく示すために，**図 2.7** に示すように長方形に線を添えた**箱ひげ図**を用います（平均値を示す＋を記入しないこともあります）。箱ひげ図は，ヒストグラムほどにはデータの分布を詳しく表現できませんが，異なる複数のデータのばらつきを比較することができます。

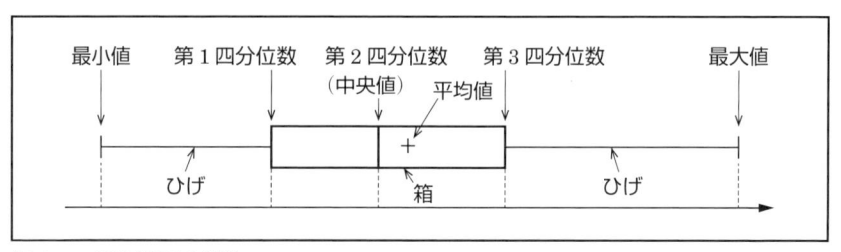

図 2.7 箱ひげ図の構造

4 散布図

　身長と体重の関係のように 2 種類のデータをそれぞれ縦軸と横軸にとり平面上に図示し，どのような関係があるかをみるものを一般に**散布図**（相関図ともいう）といいます。散布図を作成したとき，一方が増加すると他方も増加する傾向がみられるとき，二つの変量には**正の相関**があるといい

ます。また，逆に一方が増加すると他方が減少する傾向がみられるとき，二つの変量には**負の相関**があるといいます。点がばらばらに分布し，どちらの傾向も認められないとき，**相関がない**といいます（**図2.8**）。二つのデータの関係を定量的に把握するために，必要であれば「相関係数」が計算され，「回帰線」を描くこともできます。

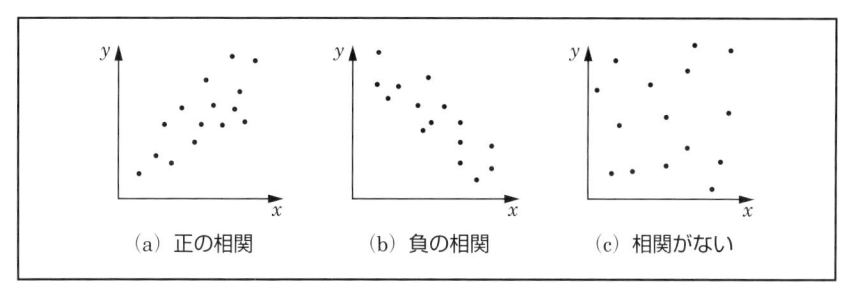

(a) 正の相関　　　(b) 負の相関　　　(c) 相関がない

図2.8　二つの変量の相関関係のパターン

　いま，2種類のデータ x，y に関する n 個の値の組を $(x_1, y_1), (x_2, y_2), \cdots,$ (x_n, y_n) とし，x，y のデータの平均値をそれぞれ $\bar{x}$，$\bar{y}$ とすると，$(x_i - \bar{x})$ $(y_i - \bar{y})$ の値の符号の＋，－が相関の正負に一致すると考えられるため，その平均値

$$\frac{1}{n}\{(x_1 - \bar{x})(y_1 - \bar{y}) + \cdots + (x_n - \bar{x})(y_n - \bar{y})\}$$

は，正の相関があるときは+，負の相関があるときは−になります。これを x，y の共分散といい，次の R の値を二つの変量 x，y の相関係数といいます。

$$R = \frac{(x, y \text{の共分散})}{(x \text{の標準偏差}) \times (y \text{の標準偏差})}$$

相関係数 R の値については，次の関係が成り立ちます。

$$-1 \leqq R \leqq 1$$

正の相関が強いほど R の値は 1 に近づき，負の相関が強いほど R の値は−1 に近づきます。

相関係数の評価の基準は明確に定まっていませんが，R の絶対値 $|R|$ でみると，一般的には次のようにいわれています。

・$|R| = 0.7 \sim 1$　：強い相関
・$|R| = 0.4 \sim 0.7$：やや相関
・$|R| = 0 \sim 0.2$　：ほとんど相関なし

＜相関係数の計算例＞

次の表は，7 人の学生の数学と英語の小テストの得点を示したものです。散布図を作成して相関の有無を確認し，表を完成させることにより，数学の得点 x と英語の得点 y の相関係数を求めてみよう。

学生	a	b	c	d	e	f	g
x	8	10	9	3	7	7	5
y	6	7	6	4	5	8	6

このデータより散布図を描くと，次の図のようになり，正の相関関係が認められます。

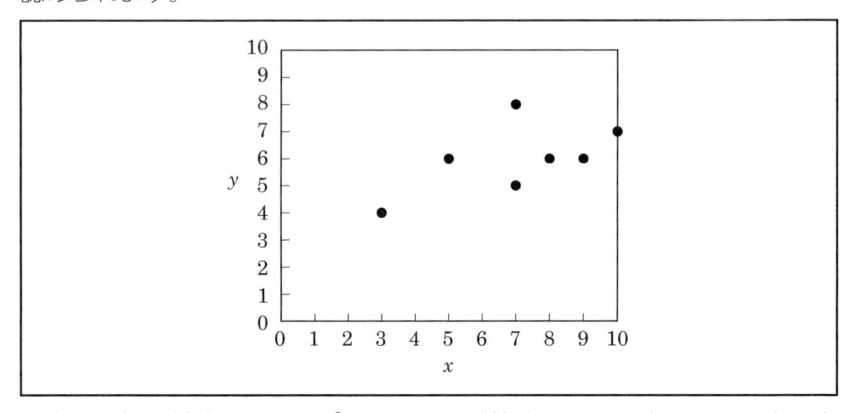

次に，相関係数を求めるパラメータを計算するために次のように表を完成させます。

学生	x	y	x の偏差	y の偏差	$(x$ の偏差$)^2$	$(y$ の偏差$)^2$	偏差の積
a	8	6	1	0	1	0	0
b	10	7	3	1	9	1	3
c	9	6	2	0	4	0	0
d	3	4	-4	-2	16	4	8
e	7	5	0	-1	0	1	0
f	7	8	0	2	0	4	0
g	5	6	-2	0	4	0	0
計	49	42	0	0	34	10	11

これより

$$x \text{ の平均値} = \frac{49}{7} = 7, \quad y \text{ の平均値} = \frac{42}{7} = 6$$

$$x, \ y \text{ の共分散} = \frac{11}{7} \fallingdotseq 1.57$$

$$x \text{ の標準偏差} = \sqrt{\frac{34}{7}}, \quad y \text{ の標準偏差} = \sqrt{\frac{10}{7}}$$

$$x, \ y \text{ の相関係数 } R = \frac{1.57}{\sqrt{\frac{34}{7}}\sqrt{\frac{10}{7}}} \fallingdotseq 0.60$$

　散布図は，三つの変数間の潜在的な関係を調べる場合にも作成でき，3D 散布図と呼ばれます。3D 散布図では，x 軸，y 軸，z 軸上にある三つの変数のデータ値が互いにプロットされます（**図 2.9**）。通常は，説明変数を x 軸と y 軸に，目的変数を z 軸にプロットすることが多く，たとえば化学工場で，ある化学製品を製造する場合に，原料から製品を合成する二つの反応条件（温度と圧力など：説明変数）が製品の収率（原料が製品になる割合：目的変数）に与える影響を調べる場合などに使用することができます。この場合，目的変数の最大値を求めることが**最適化**（第 3 章で解説）です。逆に，目的変数が故障率なら，目的変数の最小値を求めることが最適化となります。

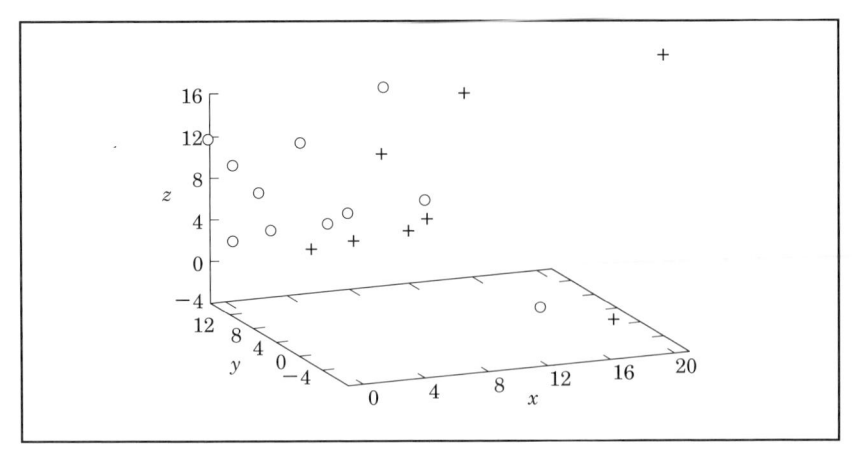

図 2.9　3D 散布図の例

5　おもなグラフの特徴

　グラフは，時系列の変化，量の比較，全体に占める割合など，データが示す意味を視覚的に理解する有効な手段であり，目的に応じてさまざまな種類があります。ヒストグラムのほかに，一般的によく使われるグラフの特徴を**表 2.2** に示しておきます。

表 2.2　おもなグラフとその特徴

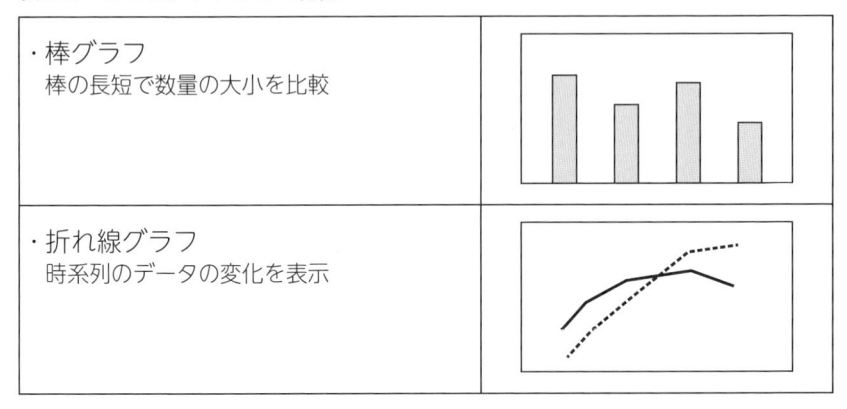

・棒グラフ 　棒の長短で数量の大小を比較	
・折れ線グラフ 　時系列のデータの変化を表示	

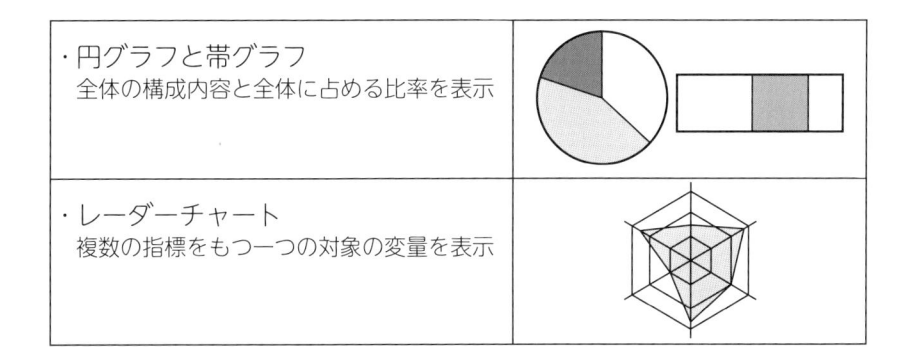

・円グラフと帯グラフ 　全体の構成内容と全体に占める比率を表示	
・レーダーチャート 　複数の指標をもつ一つの対象の変量を表示	

📊 2.7　データの標準化

1　標準化（正規化）

　データの単位による影響を避けるためや，ニューラルネットワーク（第8章）やサポートベクターマシン（第7章）では，入力データを 0.0 ～ 1.0 または −1.0 ～ +1.0 の範囲の数値データにスケーリングしなければなりません。この処理を標準化（正規化）といい，0 ～ 1 に調整する次の変換が最もよく使われます。

$$標準化後の値 = \frac{標準化前の値 - 最小値}{最大値 - 最小値}$$

　第8章で取り扱うニューラルネットワークでは，さらに高精度が要求される場合，入力データの値の範囲を 0.1 ～ 0.9 に標準化したり，0.01 ～ 0.99 あるいは 0.15 ～ 0.85，0.05 ～ 0.95 とすることもあります。0.1 ～ 0.9 に標準化する場合は

$$標準化後の値 = \frac{標準化前の値 - 最小値}{最大値 - 最小値} \times (0.9 - 0.1) + 0.1$$

を用います。

　もう一つのよく使われる標準化の方法に，z 変換（autoscaling）と呼ばれる変換法があります。これは入力データセットの平均値と標準偏差の値

を用いるもので，次のように示されます。

$$z\text{変換値} = \frac{\text{標準化前の値} - \text{平均値}}{\text{標準偏差}}$$

この変換値は平均値からの差をばらつきの指標である標準偏差で割っているため，平均値からのばらつきが相対的な値となって単位の影響を除くことができます。z 変換によって，全変数が平均値＝ 0，標準偏差＝ 1 の正規分布データに標準化できることになります。変数を z 変換した標準正規分布では，99.7％の変数が −3 と 3 の間に分布することになります（**図 2.10**）。しかし，z 変換は，絶対値の違いが重要であるデータに対しては，適用できないため注意が必要です。

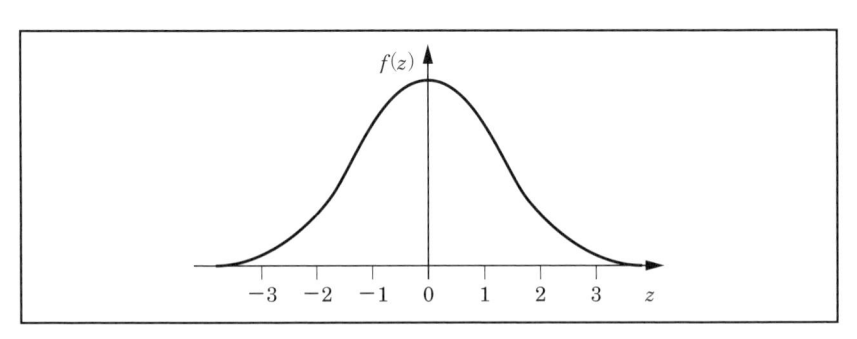

図 2.10　変換した変数とその標準正規分布

2　変数変換

入力データの分布に偏りがあって，全体の中の狭い範囲に大部分のデータが集中していたり，いくつかのデータで桁が違うなどの差が認められる場合には，対数変換などの**変数変換**を行って，データの分布の偏りを少なくして正規分布に近づけることが必要になります。たとえば，$y = x^2$ のような分布をもつ変数は，逆関数 $y = \sqrt{x}$ に変換することにより，解析しやすくなります。

変数変換に利用されるものには，対数，平方根のほか，次のような関数があります。

絶対値，三角関数（sin，cos，tan），逆三角関数，指数関数（e）

市販の汎用統計ソフトウェアには，これらの変数変換用の関数が備わっていますが，あらかじめ一つひとつの変数分布をプロットし，その特性を確認した上で適切な変数変換を施すことが望ましいことになります。

3　記号データの数値化

身長や体重，テストの得点，物の価格，企業の株価，為替レートなどの数値データのほか，男女の性別，企業の格付け，プラスチックの種類などを対象とする場合は，何らかの形で数値化することが必要になります。この数値化の代表的な方法には次のものがあります。

①　0と1に数値化

男女の別など二つのカテゴリーしかないとき，男性を1，女性を0（逆も可能）という数値を当てはめる方法です。

②　0〜1に数値化

たとえば，国債格付け（ソブリン格付け）は，国家の総合的な債務履行能力を示し，信用度の尺度となります。主要格付け会社3社（ムーディーズ・S&P・フィッチ）による世界の主要先進国や新興国の長期国債格付けは，信用リスクが最小限の Aaa/AAA の最高ランクから債務不履行の最低ランク D まで多段階の分類が行われています。格付けの値は，本来，数値で算出された格付けの結果を多段階のランクに集約したものとみられるため，Aaa/AAA から D までを1から0の間に比例配分して数値化することが可能です。

📊 2.8　ファジィ

1　ファジィの考え方

ファジィ（fuzzy）は，"あいまいな"を意味する英語に由来し，精密に自然現象を記述する従来のコンピュータ科学や工学に対して，人間が得意とする"あいまいさ"をコンピュータに扱わせるための手法です。洗濯機などの家電製品，カメラ，エレベーター，デジタル画像処理，人工知能な

ど，さまざまな分野でファジィ理論が応用されています。

　ファジィの基本となる考え方は，人間の主観である"背が高い・低い"，"美しい・醜い"，"暑い・寒い・涼しい"，"豪華な・質素な"，"性格がやさしい・きつい"など定義が難しいもの，芸術的なもの，個人の好みによるものなど，従来の数学では記述できない対象を定量化する試みです。

2　ファジィ集合とメンバーシップ関数

　ファジィ理論では，主観性と言語的な表現を**メンバーシップ関数**（MF: membership function）という 0 から 1 の間の数値で表します。たとえば，"快適な室温"を考えてみると，人によって，また学習や仕事，運動など室内での過ごし方によっても変わります。20℃ を最も快適な室温と仮定して**図 2.11** のように横軸に室温，縦軸に快適さの度合いをとると，快適と感じる温度の度合いと幅を示す図のような関係が想定されるでしょう。

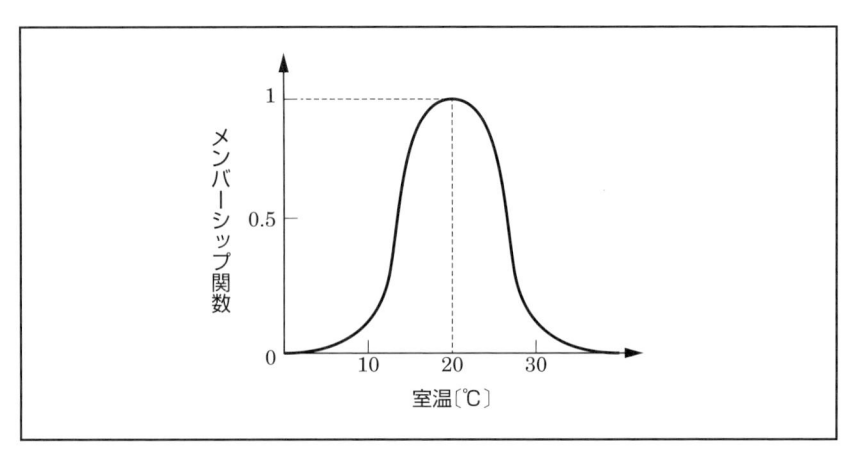

図 2.11　室温と快適さの度合いのメンバーシップ関数による表現

　このような快適さの度合いの確からしさを表す集合を**ファジィ集合**と呼び，通常の集合（**クリスプ集合**と呼ばれます）とは異なり，経験に基づき試行錯誤的に決定される点が，従来のあいまいさのない数学モデルとして導かれた関数とは異なります。

メンバーシップ関数には，図 2.11 のようなベル型のほか，ファジィ集合の要素が離散的な場合の表現に用いるものも含めて**図 2.12** のようなさまざまなタイプがあります。ファジィの理論は，制御の分野で特によく用いられます。その理由の一つとして，制御ルールに自然言語（人間の使う言葉）を用いる場合が多く，その自然言語から数値への変換を行う際に，メンバーシップ関数を活用できるからです。また，クラスター分析において各クラスターに属する程度をメンバーシップ関数で表した分類も可能です。さらに，回帰分析において解析するデータをファジー集合とみなすと，通常の回帰分析に比べて異常値の影響を受けにくい回帰式が算出できるなどの応用分野があります。

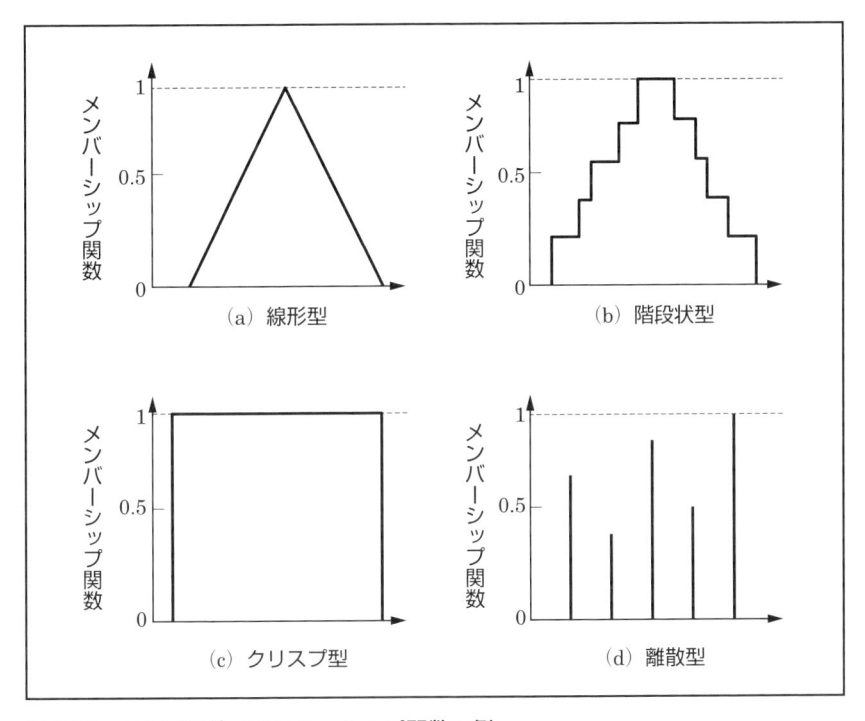

図 2.12　ベル型以外のメンバーシップ関数の例

第 2 章のポイントと課題

- ☑ ビッグデータの普及によって，データベースで取り扱う情報量が膨大になり，しかもデータの種類も多種多様になっている。
- ☑ データベースには種々のタイプがあるが，複数の表から成るリレーショナルデータベースが最もよく使われている。
- ☑ データ全体の特徴や傾向を数値で表せる基本統計量には，平均値，中央値，最頻値の代表値，四分位数，分散・標準偏差，変動係数などのデータの散らばり具合を示すものがある。
- ☑ データの整理・視覚化のおもな方法には，度数分布表，ヒストグラム，箱ひげ図，散布図，棒グラフや折れ線グラフなどの各種グラフがある。

- 📖 ビッグデータを集めることの意義を考えてみましょう。
- 📖 リレーショナルデータベース以外の階層型やネットワーク型のデータベースについて，それらの特徴を調べてみましょう。
- 📖 ファジィで使われるメンバーシップ関数には，図 2.10 のほかにどのようなタイプがあるか調べてみましょう。
- 📖 共分散の計算に用いられる $(x_i - \overline{x})(y_i - \overline{y})$ の符号の正負について，座標上に $(\overline{x}, \overline{y})$ を表示して相関の正負と一致することを示しましょう。
- 📖 公的統計データは，誰もが利用できるもので，政府統計の総合窓口（e-Stat）では，Excel や CSV 形式などの統計表が約 480 統計，約 54 万表あります。次のアドレスにアクセスして，たとえば「家計調査」のデータを検索してみましょう。
  https://www.e-stat.go.jp/

第3章 モデル化と最適化

　現象を数理モデル（数学的なモデル）で表し，目的変数の最大値や最小値を求める手法に，数理計画法や応答曲面法，シンプレックス法などがあります。

　工場のプロセスデータと歩留まりや故障率の関係をモデル化し，それを最適化（歩留まりなら最大化，故障率なら最小化）したりすると考えるとわかりやすいでしょう。

　また，後述するサポートベクターマシンやニューラルネットワークなどの機械学習のパラメータを最適化するためにグリッドサーチ（本章7節）などが用いられています。

📊 3.1 目的変数と因子

最適化（optimizing）とは，一般に与えられた探索範囲の中で，目的変数（応答）を最大化または最小化することをいいます。**数理計画**とも呼ばれます。この手法は，特に工学の諸分野においては基本的なテーマですが，ほかの自然科学や経済，経営，ファイナンスなどさまざまな社会科学の領域においても重要な概念です。

具体的な例として，たとえば，化学工場である製品を製造する際に，収率（歩留まり；原料から製品ができる割合）や純度，コストなどの応答が**目的変数**になり，その製造プロセスの温度，圧力，時間などの**因子（説明変数）**の水準を種々変えて最も望ましい応答を探索することになります。

目的変数（応答）を y，因子（説明変数）を x_i $(i = 1 \sim m)$ とすると，これらの関係は，一般に次のように仮定することができます。

$$y = f\,(x_1,\ x_2, \cdots,\ x_m)$$

この式は，一度に最適化できる目的変数が一つであることを示していますが，複数の目的変数を最適化する場合には，まず重要度の最も高いものを最適化し，その応答の変動範囲内で，ほかの目的変数を最適化することで対応できます。また上式は，目的変数に影響を及ぼす因子を単に列挙したものであり，あらかじめ具体的な関数型を決めることができない場合，応答曲面法（3.3 節）を適用できます。

因子が一つの場合，一般に因子水準と応答との関係は非直線的であり，たとえば**図 3.1** のように示されます。真の最大値，最小値のほか，極大値や極小値，鞍部が存在することがあります。因子が 2 になると，因子どうしの相互作用があり，因子と応答水準との関係は，**図 3.2** のように応答を z 軸にとった 3 次元座標上に**応答曲面**（response surface）として表すことができます。2 次元平面上では等高線として表すことができます。

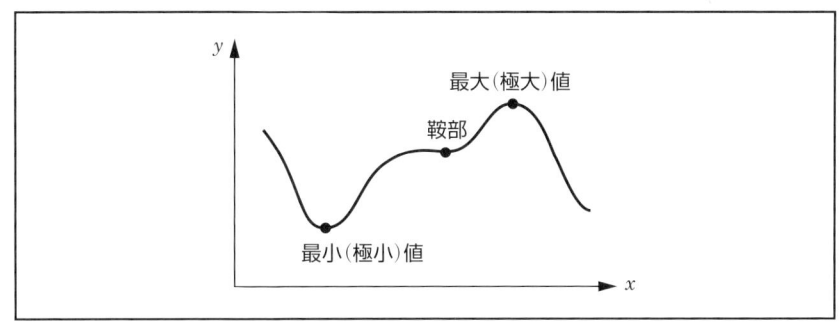

図 3.1　1 因子関数の因子水準と応答例

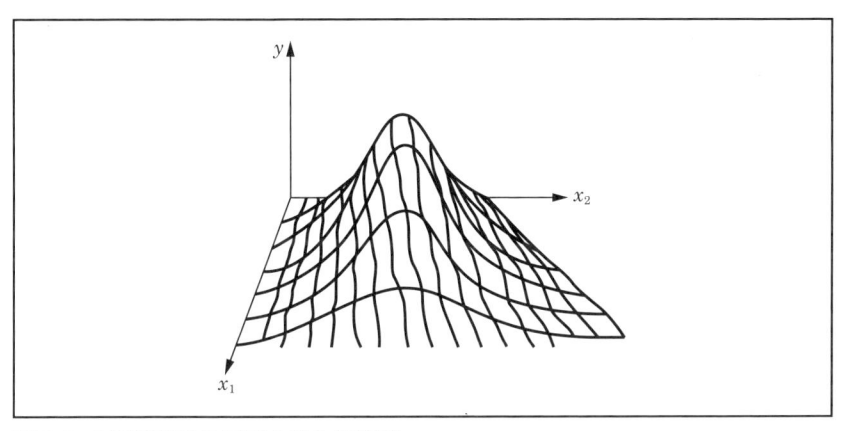

図 3.2　2 因子関数の因子水準と応答例

　このような応答を示す系での最適化は，真の最大・最小のほかに極値や鞍部（図 3.1 に示したようなへっこみ）が存在することがあるため，ローカルな極値を最適値とみなさないよう，効率よく正確に最大・最小の条件を探すことが重要です。

　1 因子の最適化では，その因子水準を連続的に変化させて応答を見ていけば必ず最適点に到達できます。しかし，2 因子以上の系では，因子間に相互作用（温度を上げると圧力も上がるなど）があることが多いため，1 因子最適化法をそれぞれの因子に適用しても最適点を探索できず，相関する二つの因子を同時に移動させなければ最適点に到達できません。このような因子間に相互作用のある系で理論的に最適点を探索する手法には，実

験計画法（3.2 節），応答曲面法（3.3 節），シンプレックス最適化法（3.4 節）などがあります。

📊 3.2 実験計画法

実験計画法（DOE：design of experiment）の目的は，最小の実験回数で目的を達成する複数の因子の最適な条件を探索することです。

この方法では，あらかじめスクリーニング（ふるいわけ）によって選び出された最適化を考える全因子の水準を適当な間隔で区切り，それらの水準の組合せで実験を行います。実験回数は，各因子の水準と計画の種類によって変わりますが，ここでは，2 水準（下限・上限）で検討する場合をとりあげて説明します。一般に次の 2 種類の方法が使われます。

1 完全実施型要因計画

n 個ある因子のすべての組合せを調べる方法が**完全実施型要因計画**です。調べる因子の水準数を m とすると m の n 乗回の実験回数が必要になります。たとえば 3 因子 2 水準（上限＋，下限－）の場合の実験計画表は**表 3.1** のようになり，$2^3 = 8$ 回の実験計画が作成されます。この 3 因子における各実験番号は，**図 3.3** で示すように立方体における 8 つの頂点の位置に対応しています。

表 3.1　3 因子 2 水準の完全実施型要因計画

実験 No.	因子		
	x_1	x_2	x_3
1	＋	＋	＋
2	＋	＋	－
3	＋	－	＋
4	－	＋	＋
5	＋	－	－
6	－	＋	－
7	－	－	＋
8	－	－	－

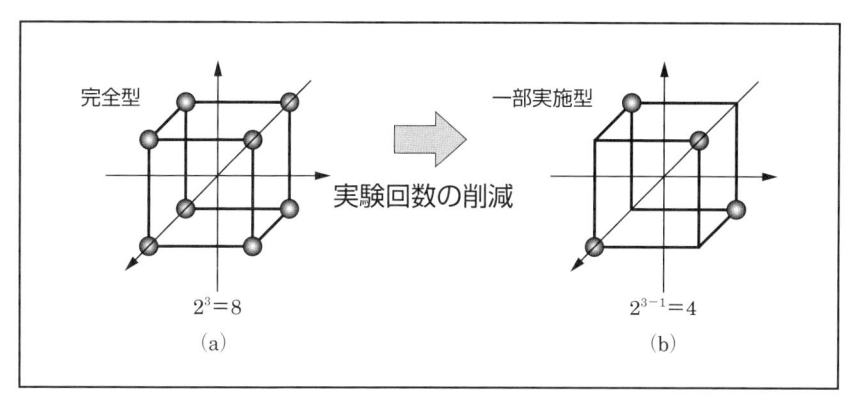

図 3.3　3 因子 2 水準の完全型（a）と部分要因計画法（b）

2　部分要因計画

　2 水準による完全実施型要因計画では，因子の数が増えるとその 2 乗で実験回数が増え，因子数が 6, 7 になると実験回数はそれぞれ，$2^6 = 64$，$2^7 = 128$ と実用的ではなくなります。そこで，少ない実験回数で最大限の情報を得る方法として，**部分要因計画**があります。この方法では，3 因子 2 水準の場合の実験計画表は**表 3.2** のようになります。

表 3.2　3 因子 2 水準の部分要因計画

実験 No.	因子		
	x_1	x_2	x_3
1	−	−	＋
2	＋	−	−
3	−	＋	−
4	＋	＋	＋

　その他の代表的な計画手法として知られているものに，ボックス−ベンケン（Box-Behnken）と中心複合（composite center）計画があります。3 因子の場合の，それぞれのデータ点の取り方を**図 3.4** に示します。

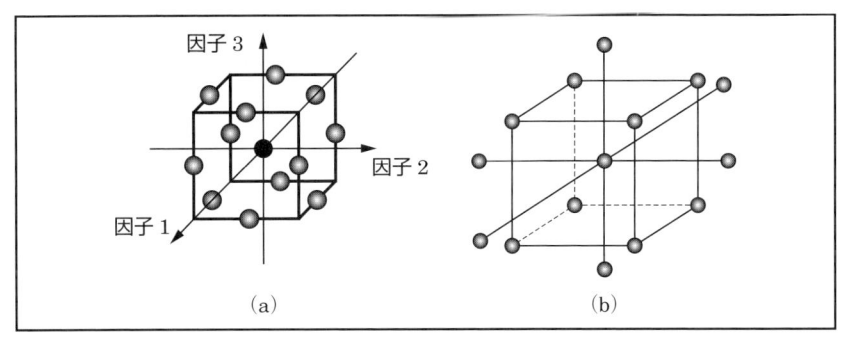

図 3.4　ボックス–ベンケン（a）と中心複合計画（b）

　ボックス–ベンケンでは，立方体の中心部と完全実施型では各頂点を占めていた点が各辺の中心に移動し，全部で 13 点のデータをとります。一方，中心複合計画では，立方体の頂点 8 点と中心の点に加えて，star point と呼ばれる中心から立方体の外側に位置する 6 点を加えた計 15 点のデータをとります。4 因子以上の場合は図示ができませんが，3 因子までの場合と同様な考え方で実験計画を立てることができます。

📊 3.3　応答曲面法

　3.2 節で述べた実験計画法によって得られたデータから，因子水準と応答との定量的な関係を導くための手法が，**応答曲面法**（RSM：response surface methodology）です。この手法では，因子どうしの相互作用を考慮して，応答曲面に次の 2 次関数を当てはめます。i 番目の応答 y_i と 2 因子 x_1，x_2 の場合，次の式を仮定します。

$$y_i = b_0 + b_1 x_{i1}^2 + b_2 x_{i1} + b_3 x_{i2}^2 + b_4 x_{i2} + b_5 x_{i1} x_{i2} + e_i$$

　たとえば，互いに相関がある 2 因子（x_1，x_2）に対する**図 3.5**（a）の中心複合計画に基づく実験データに上式を適用すると，図 3.5（b）のような滑らかな応答曲面が得られることになります。実際に係数を決定するためには，3.5 節で述べる最小二乗法を適用して最小限でも上式における係数の個数以上の数の実験が必要になります。

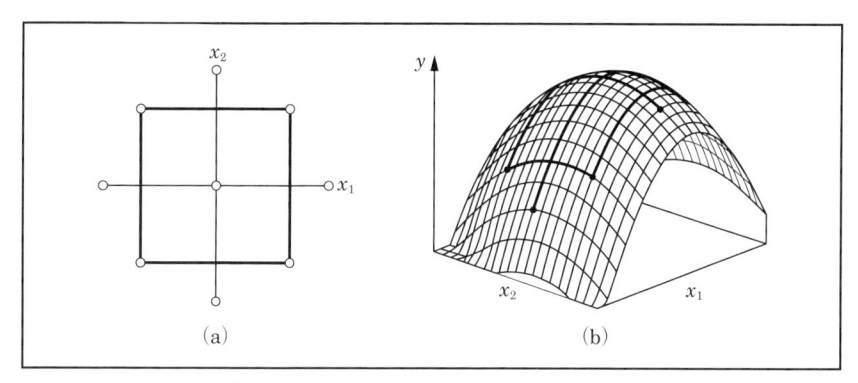

図 3.5　2 因子の中心複合計画（a）とその実験結果の応答曲面の例（b）

📊 3.4　シンプレックス最適化法

1　シンプレックスとは

　シンプレックス法は，ある関数の最適値を見出すための手法です。関数は未知でも，また探索表面は不規則な形状でも適用できます。**シンプレックス最適化法**は，応答面の探索アルゴリズムの一つであり，探索範囲内で実験を逐次行いながら，その結果に基づき追加の実験をして，最適点を逐次，探索する方法です。

　ところで「シンプレックス（simplex）」は，"単体" と訳され，幾何学的には n 次元において $(n + 1)$ 個の頂点を有する図形を意味します。すなわち，1 次元のシンプレックスは線分，2 次元は三角形，3 次元は四面体になります。4 次元以上は，私たちの目に見える形で図示できませんが，原理上，シンプレックス法は何次元でも適用可能です。

　2 次元の応答曲面上に，最初に 3 回実験を行った場合のシンプレックスを**図 3.6** に示します。はじめは図に描いてある応答曲面は未知ですが，実験結果によって応答の好ましい順に三角形の各頂点に B ＞ N ＞ W と表示してあります。これが出発シンプレックスとなり，次項でみるように最適点の探索を実施します。シンプレックス法では因子数を n とした場合，最初に $(n + 1)$ 回の実験回数が必要となり，因子数が多くなるほど，最適化に必要な実験回数は多くなります。したがって，因子数がきわめて多い

場合，あらかじめ予備実験などで因子のスクリーニングを行い，重要な因子についてシンプレックス法による最適化の実行が望ましいことになります。

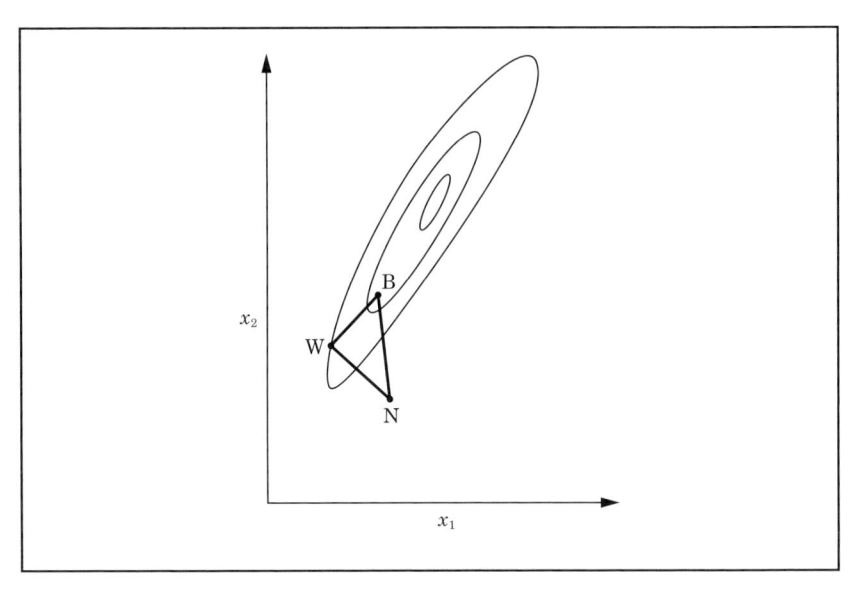

図 3.6　2 次元の応答曲面とシンプレックス

2　正規シンプレックス法

　2 次元の場合でみると，出発シンプレックスは図 3.6 に示した，最も応答が悪い頂点（ここでは W）の反対側に応答がより好ましい点が存在すると予想して次の規則に基づいて，最適点に向かって頂点を移動します。

　① 　W の反対側の鏡像点（R）をより良い応答を示す可能性が高いとみなし，この条件で実験を行う（**図 3.7**）。C 点は，W 点の反対側に位置する線分の重心であり，次の関係がある。

$$R = C + (C - W)$$

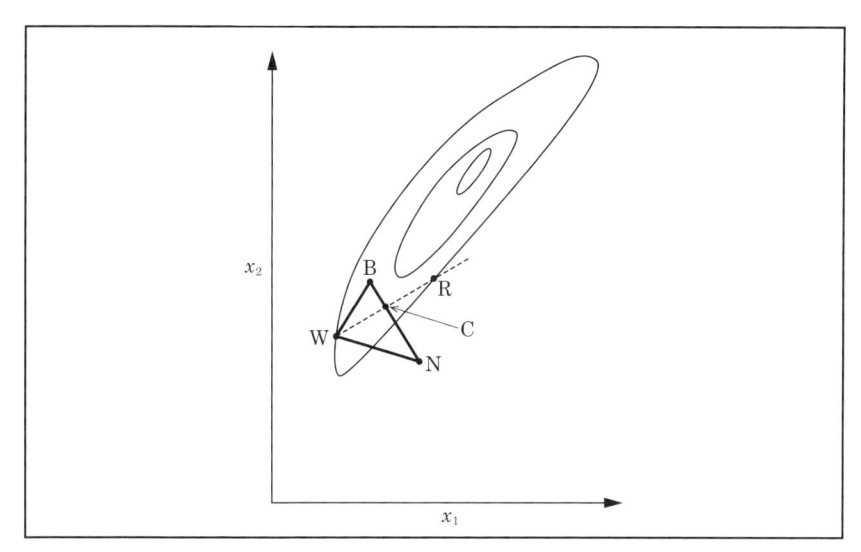

図 3.7　2 次元における出発シンプレックスと実験結果

② もし，その鏡像点での応答が，新たなシンプレックスで最も悪い応答を示した場合，新たなシンプレックスの次に好ましくない頂点の鏡像点で実験を行う。これは，二つの最悪の頂点間の往復を避けるためである。

③ もし，新たな頂点が探索範囲外になってしまった場合，その条件では実験をせずに W における応答よりさらに好ましさが劣る応答を割り当て，シンプレックスを範囲内に戻す。

以上の三つのルールによって，最適点に接近するようすの例を**図 3.8**に示します。しかし，このようなシンプレックスのサイズを固定した探索では，最適点から遠い場合や近傍での効率的な探索ができなかったり，シンプレックスのサイズが小さすぎたり，大きすぎたりすると，最適点が見いだせない可能性があります。また，因子水準の差が小さすぎると，真の応答の違いと実験誤差の区別がつきにくくなることがあります。

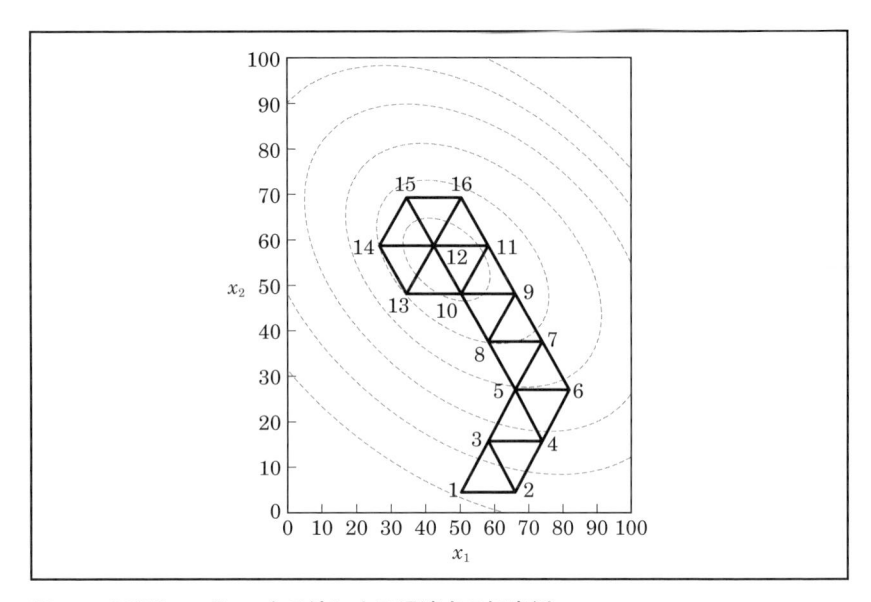

図 3.8 正規シンプレックス法による最適点の探索例
[出典：Peter C. Jurs, Computer software applications in chemistry, 2nd ed., p.141,
Wiley (1996)]

3 改良シンプレックス法

　正規シンプレックス法の欠点を補うために開発されたものが，**改良シン
プレックス法**です。この手法では，最初に実験を行う出発シンプレックス
は正規法と同じですが，応答曲面の形状や傾きに応じてシンプレックスの
サイズを変更できるようにしたものです。頂点の位置の設定には，次の
ルールによって最適点への加速と近づいたときの減速を可能にしていま
す。

① 　出発シンプレックスの頂点で実験する。

② 　R で実験し，B よりも応答が優れる場合，この方向に 2 倍の距離に
　　延長した E 点でさらに実験をする。

$$E = C + 2(C - W)$$

③ 　R での応答が N よりも優れるが B よりも劣る場合，N の鏡像点で
　　実験する。

④ Rでの応答がNよりも劣るがWよりは優れる場合，C_rで実験する。

$$C_r = C + 0.5\,(C - W)$$

⑤ Rでの応答がWよりも劣る場合，C_wで実験する。

$$C_w = C - 0.5\,(C - W)$$

⑥ もしC_wでの応答がWより劣る場合，探索を中止し，探索範囲を変えて再開する。

図3.9にこの手法により探索した一例を示します。

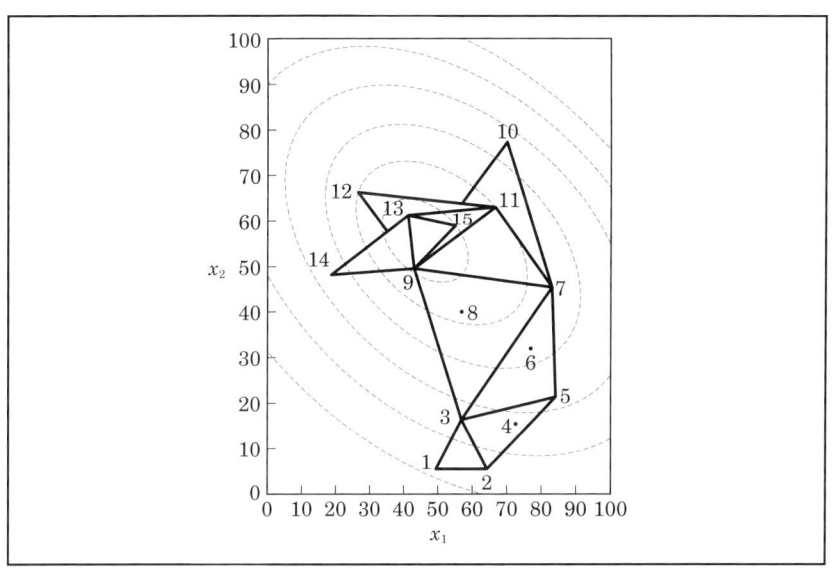

図3.9　改良シンプレックス法による最適点探索例
［出典：Peter C. Jurs, Computer software applications in chemistry, 2nd ed., p.145, Wiley (1996)］

4　SMS法

改良シンプレックス法では，頂点を移動するために②④⑤で2と0.5の値（伸縮係数と呼ばれます）を用いていますが，これらの値をより応答曲面の形状に合わせる工夫が行われ，種々の改良法が検討されてきました。

それらの中で，最もよく利用されているものが SMS 法（super-modified simplex method）です。

　この方法は，シンプレックスの伸縮係数の決定に最悪頂点（W），中点（C），鏡像点（R）の因子水準（x）と応答（y）の関係を利用します。最初に中点での実験データも必要になりますが，柔軟にシンプレックスのサイズを伸縮できるという特徴があります。

5　適用の注意点

　シンプレックス法を適用する場合，次の点に注意する必要性があります。

① 　因子および因子水準の範囲が不適切な場合，最適点への実験回数が非常に多くなったり，ローカルな極値を最適点と見誤ったりする可能性があります。

② 　シンプレックスの各頂点での応答の差が，実験誤差より必ず大きいことを確認しておくことが大事です。そのためには，あらかじめ同一条件の実験を繰り返して行い，データのバラつき（標準偏差）や再現性を確認しておくことが必要です。

③ 　きわめて少ない実験で収束した場合，ローカルな極値でないかチェックする必要性があり，因子水準の範囲外で探索などを実施する必要があります。

📊 3.5　カーブフィッティング

　説明変数から目的変数を予測するモデルを構築するための統計的データ解析手法の一つが，**カーブフィッティング**（多項式の最小二乗法）です。この手法は，いくつかの測定点 x_1, x_2,…, x_m において観測・測定された調査データや実験データ y の値を y_1, y_2,…, y_m とするとき，これを，未知パラメータ a_1, a_2,…, a_m を含む次の m 次の多項式による曲線にフィットさせるものです。

$$y = \sum_{k=1}^{m} a_k x^k \qquad \text{①}$$

この多項式において，$m = 1$ の場合には，一次式 $y = ax + b$ にあてはめる問題に帰着します。この多項式の係数は最小二乗法を用いて決定されます。すなわち，$n\,(\geqq m)$ 組のデータが与えられたとき，最小にすべき誤差は，与えられたデータ y_i に対する式①の残差の二乗和が最小になるように a_k のパラメータを決定します。その曲線はデータ点を必ず通るわけではなく，曲線とデータ点群の距離（**残差**）が最小になるように，次のようにして計算処理を行います。

残差の二乗和 Q は次式で表されます。

$$Q = \sum_{i=1}^{n} \left(\sum_{k=0}^{m} a_k x_i^k - y_i \right)^2 \qquad \text{②}$$

Q を最小とするための条件は，数学的には Q を a_k で偏微分（$\partial Q / \partial a_j\,(j = 0, 1, \ldots, m)$）して 0 とおくことであり，$a_k\,(k = 0, 1, \ldots, m)$ を未知数とする $(m + 1)$ 元の連立一次方程式を解く問題に帰着します。項の数が多くなると，連立方程式の計算はかなり大変です。しかし，次のようにベクトルと行列表現を使うと計算が非常に簡便になり，実際のコンピュータによる計算ではその方法が用いられています。

x_i を並べた行列を X，y_i を並べたベクトルを Y，パラメータ a_i を並べたベクトルを A とすると，式①は次のようになります。

$$Y = X^{\mathrm{T}} A$$

$$Y = \begin{bmatrix} y_1 \\ \vdots \\ y_n \end{bmatrix}, \quad X = \begin{bmatrix} x_1 & \cdots & x_n \\ x_1^2 & \cdots & x_n^2 \\ \vdots & \ddots & \\ x_1^m & \cdots & x_n^m \\ 1 & \cdots & 1 \end{bmatrix}, \quad A = \begin{bmatrix} a_1 \\ \vdots \\ a_m \end{bmatrix} \qquad \text{③}$$

ここで，X^{T} は X の転置行列で，行と列を入れ替えたものです。

これより式②を最小にするベクトル A を選ぶ条件は，

$$XX^{\mathrm{T}}A = XY \quad \text{または} \quad A = (XX^{\mathrm{T}})^{-1}XY \tag{④}$$

と表現できます。したがって，Y および X と，それらの次元（寸法）に関する情報 n および m が与えられれば，マトリックスの積と逆転の繰り返しによって A が求められます。

●カーブフィッティングの例1　幸福度

近年，GDP のような経済的な指標による豊かさではなく，幸福度が重要であると考えられるようになってきています。幸福度には種々の要因がありますが，2000 年代初めに行われた世界価値観調査第 4 回調査によると，63 か国について自己申告による幸福度は所得とともに高まっていることが認められています（**図 3.10**）。かなりバラツキはありますが，全体の傾向として右肩上がりの領域にデータが分布しており，二つのデータの間には確かに正の相関があることが見てとれます。

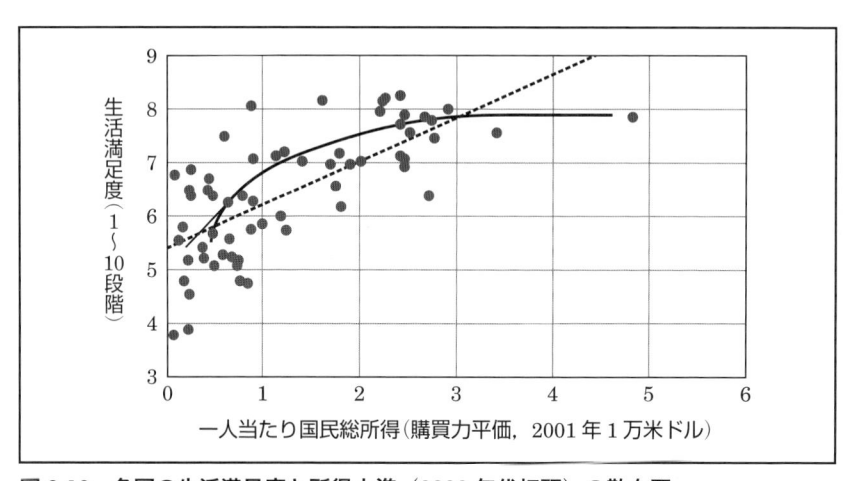

図 3.10　各国の生活満足度と所得水準（2000 年代初頭）の散布図
〔データ元：World Values Survey, 1994 – 2004 年，World Development Report, 2003 年〕

このデータはあきらかに非線形ですが，次数 1 の直線と次数 2 および 3 の曲線を当てはめてみましょう。一次式は

$$y = 0.79\,x + 5.47$$

となり，y の変動の何％が x で説明できるかを示す**寄与率**（相関係数を平方した値＝決定係数 R^2）と呼ばれる数値は，0.49 になりました。この式を図 3.10 中に破線で示しました。次に二次式を当てはめてみると

$$y = -0.17\,x^2 + 1.39\,x + 5.15$$

となり，寄与率は 0.53 となり，直線を当てはめたときよりも寄与率は向上し，この曲線を図中に示しました。さらに三次式を当てはめてみると

$$y = -0.017\,x^3 - 0.058\,x^2 + 1.19\,x + 5.21$$

となり，寄与率は 0.53 のままで向上は認められず，この場合には二次式が適当であったことがわかります。一般に曲線の次数が上がるほどデータの分布に近づきますが，この問題のように二次式で十分な場合もあります。

●カーブフィッティングの例 2　病院数と人口性比

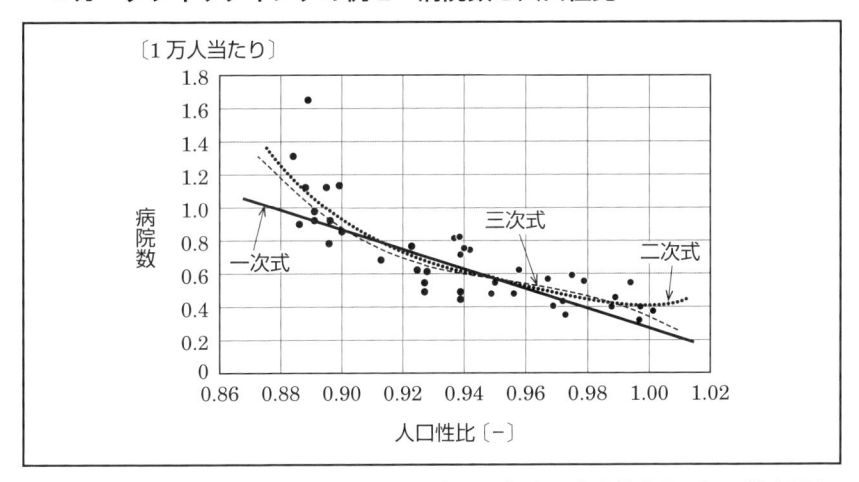

図 3.11　都道府県別の病院数と人口性比（2016 年度厚生労働省調べ）の散布図と回帰曲線

　一方，**図 3.11** は 40 都道府県（7 県分は外れ値で除外）の病院数（1 万人当たり）と人口性比（＝男性 / 女性）の散布図を示したものです。デー

タの全体的な傾向として，男性の比率が高くなると病院数が減少する傾向が見てとれます。

　先の例と同じように一次式から三次式をデータに対して当てはめてみると

一次式：$y = -6.41\,x + 6.71$　　$(R^2 = 0.656)$
二次式：$y = 61.978\,x^2 - 122.94\,x + 61.41$　　$(R^2 = 0.722)$
三次式：$y = -1183.69\,x^3 + 3406.42\,x^2 - 3269.9\,x + 1047.59$
$$(R^2 = 0.738)$$

となります。散布図にこれらの直線，二次曲線，三次曲線を描いてありますが，この問題では二次式よりも三次式の方がデータとの適合性が改善されていることがわかります。二次式は上に凸かあるいは下に凸の単調なカーブしか表現できませんが，三次式はシグモイド（S字）型のような上に凸と下に凸の部分のカーブが組み合わさった変曲点をもつカーブを表現できます。

　なお，多変数を含む線形の式（$y = a_1\,x_1 + a_2\,x_2 + \cdots + a_m\,x_m + a_0$）に最小二乗法を適用する場合には，重回帰分析になります（5.3 節参照）。

📊 3.6　モンテカルロ法

　カジノで知られる地名「モンテカルロ」にちなんで名づけられた，不確実な事象の結果を推定するために用いられる方法です。サイコロを振ってその偶然に出た目を用いて計算を進めるうちに，非常に多数回ふることによってある確率に従った有用な結果を得ようとするのが**モンテカルロ法**の考え方です。

　たとえば，サイコロを 1 回振って "6" が出る確率を見積もりたいとき，理論的な確率は

$$\frac{1}{6} = 0.1666\cdots$$

ですが，10 回，100 回，1 000 回，10 000 回と試行を繰り返すほど，推定

値が理論値に近づくことが確認されています。すなわち，1回1回の試行はまったく偶然に支配されていて，10回ぐらいの試行だと6が一度も出ないことも，また逆に3回出ることもあり，何の意味もありませんが，乱数を交えた多数回のランダムな試行から得られる数値を統計的に処理することによって，意味のある結果が得られることになります。モンテカルロ法は，数学的な方法では取り扱えない複雑な問題に対しては，強力な手段となります。

　モンテカルロ法の応用例としてよく知られているものに，円周率の推定があります。**図 3.12** のように，単位正方形の単位半径で内接する原点を中心とする半径1の四分円を考えます。その値が0 ～ 1の間に一様に分布する乱数 x_i および y_i を取り出し，それらを点 $\pi(x_i, y_i)$ として単位正方形内にプロットします。このような試行を N 回実行すると，それらの点は正方形内に一様に分布することになります。これらの点のうち M 個のものが

$$x_i^2 + y_i^2 < 1$$

を満足したとすると，それらは全試行点の中で，原点を中心とする半径1の四分円に落ちたものに相当します。このとき，四分円内にある点の確率は正方形と四分円の面積の比に等しくなります。すなわち

$$\frac{\text{四分円の面積}}{\text{正方形の面積}} = \frac{(\pi/4)R^2}{(1 \times 1)} = \frac{\pi}{4}$$

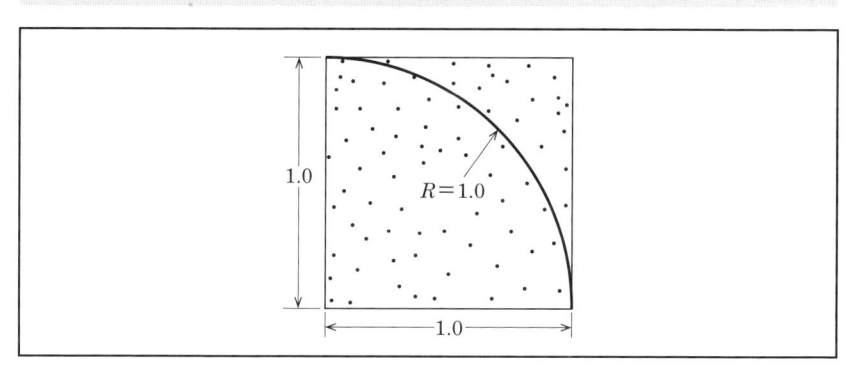

図 3.12　モンテカルロ法による円周率の推定

N を無限大に近づけていくと，上式の面積の比の値が 0.785 に近づき，確率的に π の値は 3.14 に近いものが得られることがわかります。

モンテカルロシミュレーションは，予測値の設定が困難な指標等について，乱数を用いてシミュレーションを十分に何度も繰り返すことにより近似的に解を求める手法のことで，金融業界では，市場リスクの計測，投資評価等を行う際にこの手法が用いられています。

📊 3.7　グリッドサーチ

ニューラルネットワーク（第 8 章）やサポートベクターマシン（SVM；第 7 章）など機械学習のアルゴリズムを実行する際に，データから直接決めることができず，ユーザがあらかじめ決めておく必要があるパラメータのことを**ハイパーパラメータ**と呼びます。

ニューラルネットワークの層の数やユニットの数，正則化の係数など，SVM における誤分類に対するペナルティの大きさを制御するパラメータや，ランダムフォレストにおける個々の決定木に使う特徴量の数などです。これらのパラメータは，データを学習する前にあらかじめ設定する必要がありますが，最終的な精度に影響するため，ある程度良い値に設定しておく必要があります。

このハイパーパラメータを探索する方法はいくつかありますが，**グリッドサーチ**は，ハイパーパラメータの探索空間を格子状（グリッド）に区切り，交点となるハイパーパラメータの組合せについて，その効果をすべて調べるという方法です。

具体的な例として，カーネルとして RBF を用いた SVM（7.2 節）には，二つのハイパーパラメータがあります。誤分類に対するペナルティの大きさを制御するパラメータ c と，RBF カーネルのバンド幅を制御するカーネル関数の gamma の二つのパラメータです。これらのハイパーパラメータについて，c の探索範囲を 0.01，0.02，0.05，0.1，0.2，0.5，1.0，2.0，5.0，10.0，gamma の探索範囲を 0.1，0.2，0.3，0.5，1.0，2.0，3.0，5.0，7.0，10.0 とし，10×10 の次のような格子を考えます（**図 3.13**）。

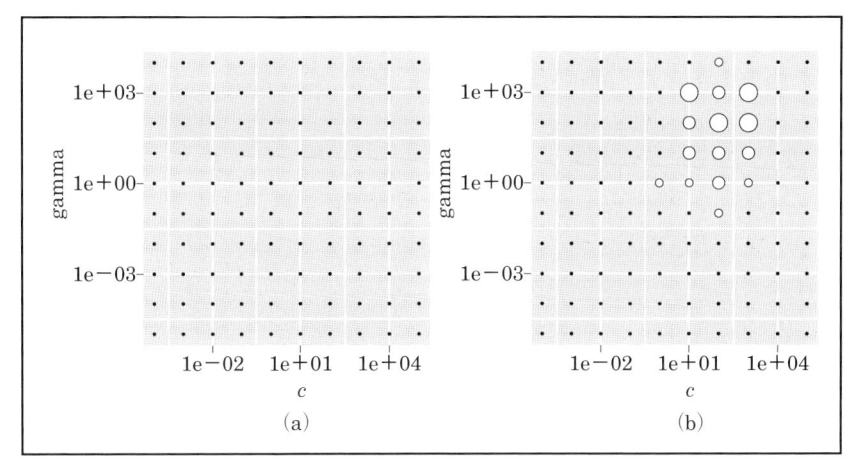

図 3.13 グリッドによる実験計画 (a) とその実験による評価の表示例 (b)
（○が大きいほど優れた応答結果）

これら一つひとつの格子点に対して，モデルを学習していき，最適なパラメータの組合せを決定します。さらに必要があれば，その最適点の近傍を詳細に検討して，モデルの精密化を図ることが可能です。

グリッドサーチとは異なり，パラメータの探索空間において，そのパラメータの組合せをランダムに設定して探索する**ランダムサーチ**と呼ばれる手法があります。

この方法は，グリッドサーチと基本的には同じ考え方でパラメータの最適な組合せを探しますが，探索点が格子状ではなく，ランダムに散らばっている点が異なります。二つのパラメータの重要度が大きく異なる場合，ランダムサーチのほうが，グリッドサーチより効率的な探索が可能な場合があります。

第3章のポイントと課題

☑ 最適化は，ある制約条件のもと，目的関数を最適化（最大化または最小化）するための変数およびその関数を求めることであり，実験計画法を適用することができる。

☑ 実験計画法でよく使われる代表的なものに，完全実施型要因計画と部分要因計画がある。

☑ 実験計画法によって得られたデータから，因子水準と応答との定量的な関係を導くための手法が，応答曲面法である。

☑ シンプレックス最適化法は，応答曲面の探索アルゴリズムの一つであり，探索範囲内で実験を逐次行いながら，最適点を探索する。

☑ カーブフィッティング法は，最小二乗法によって説明変数から目的変数を予測するモデルを構築するための手法である。

☑ モンテカルロシミュレーションは，予測値の設定が困難な指標等について，乱数を用いたシミュレーションを繰り返して，近似的に解を求める手法である。

☑ 機械学習のハイパーパラメータを効率的に決定する方法に，グリッドサーチやランダムサーチがある。

📖 2因子系の最適化において，因子間に相互作用のあるか否かで，応答曲面を等高線で表した場合，どのような違いがあるか考えてみましょう。

📖 6因子2水準に対する部分要因実験計画を考えてみましょう。

📖 グリッドサーチではなく，ベイズ最適化を使うとハイパーパラメータ探索を効率的に行えます。その方法について調べてみましょう。

第4章
パターン認識

　パターン認識は，観測されたパターンをあるカテゴリーに分類する操作のことで，画像データや音声データを識別する場合などにおいてよく利用されます。

　応用例としては，「郵便番号読み取りシステム」や「自動車ナンバー自動読み取りシステム」が最も早く実用化された例です。最近では，人の体の特徴（生体情報）を使い自動的に個人を識別したり，本人と確認する生体認証において，指紋，虹彩，顔，静脈，音声（声紋），歩行などのデータ処理に使われています。

ⅰⅼⅼ 4.1 パターン認識とは

パターン認識（pattern recognition）は，人が目で画像の模様を読み取るとか，耳で音声の繰り返しの特徴を認識したりすることを，コンピュータで実現するために理論化・学問化されたものです。コンピュータによるパターン認識は，通常，**図 4.1** に示すように，データ入力，前処理，特徴抽出を経て分類・識別が行われます。

ここで，前処理とは，目的とする事象を分類するための説明変数群のデータを集め，数量化するなど有効な形に変換することです。特徴抽出とは，説明変数群のうち，分類に有効な説明変数を抽出することです。分離・識別は得られたデータに基づきカテゴリーに分類することです。

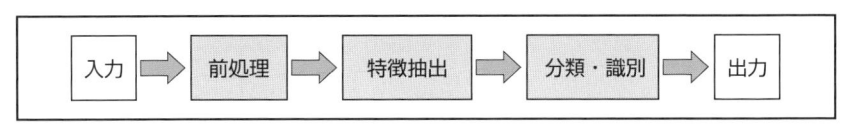

図 4.1　パターン認識の流れ

パターン認識は，図 1.3（再掲）で述べたように解析に関して説明変数のみを用いる手法群（教師なしのパターン認識）と，説明変数とともに目的変数を使う手法群（教師ありのパターン認識）に大別されます。

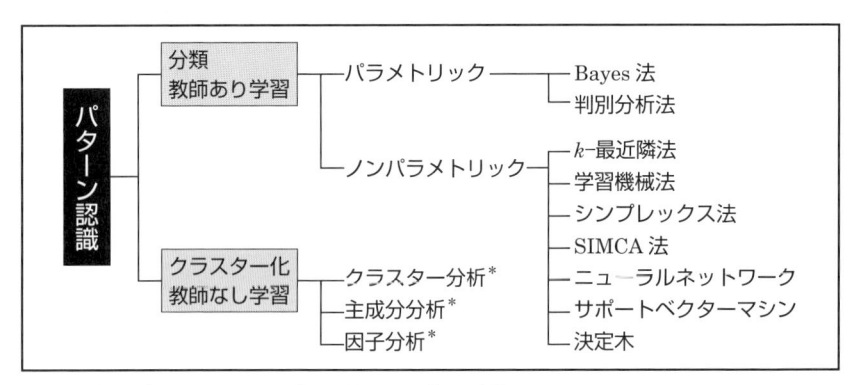

図 1.3（再掲）　パターン認識の分類と関連の手法
（＊を付したものは多変量解析の分類に含まれるもの）

教師なしのパターン認識を使うおもな目的は，データ構造の探索やその確認です。また，その後に続く教師ありのパターン認識手法の適用に先立つデータの前処理として利用するケースも少なくありません。

📊 4.2　教師なしのパターン認識
(unsupervised pattern recognition)

　探索的なパターン認識とも呼ばれ，説明変数のみのデータ行列に潜在的な目的変数の存在を仮定して分析をします。ここでは，その代表的な手法である主成分分析，因子分析，クラスター分析をとりあげます。なお，分類や特性を知るのに有用な数量化Ⅲ類は，主成分分析や因子分析で代替できるケースが多いため，割愛します。

1　主成分分析法 （PCA：principal component analysis）

　この手法は，ある問題に対して互いに相関のある多種類の特性値の持つ情報をそれらの特性値の線形結合で表される合成変量で要約させるものです。その目的は，なるべく情報量を落とさずに少ない次元に要約することであって，実際には多次元のデータを 2 次元または 3 次元の図で視覚化するときによく使います。

　いま，n 個の説明変数 x_1, x_2,…, x_n があるとき，次の二つの条件を満足する m 個 （$\leq n$）の合成変量 z_1, z_2,…, z_m を求めることが主成分分析を行うことです。z_1 を第 1 主成分，z_2 を第 2 主成分,…, z_m を第 m 主成分と呼びます。

$$\begin{cases} z_1 = a_{11}\,x_1 + a_{12}\,x_2 + \cdots + a_{1n}\,x_n \\ z_2 = a_{21}\,x_1 + a_{22}\,x_2 + \cdots + a_{2n}\,x_n \\ \vdots \qquad\qquad\qquad \vdots \\ z_m = a_{m1}\,x_1 + a_{m2}\,x_2 + \cdots + a_{mn}\,x_n \end{cases}$$

＜条件＞
①　個々の主成分とそれ以外のすべての主成分との相関は 0 である。

② z_1 の分散はすべての特性値の線形結合の中で最大である。z_2 の分散は z_1 以外の残りのすべての線形結合式で最大であり，以下，順次 $z_3, \ldots, z_n$ が分散の大きさに基づき求められる。

主成分分析の実際の計算は，それぞれの説明変数を組み合わせた変量の分散が最大になるような直線の式を求めます。計算の途中では偏微分，行列式，固有値，固有ベクトルなどを用いて分散共分散行列を求め，最終的に主成分が得られます。

主成分分析を実行すると，通常，変数の基本統計量（平均と標準偏差），変数間の相関行列，固有値と寄与率が出力されます。寄与率は，それぞれの主成分がデータの分布や傾向をどの程度表現しているかの指標であり，主成分 1，2，3，…と進むごとに小さくなります。その寄与率の累積合計を**累積寄与率**といい，主成分の採用基準として用いられます。

主成分分析の結果の有効な利用法として，データ構造すなわち多次元空間におけるサンプル間の類似度あるいは相違度を 2 次元または 3 次元空間に図示して探ることが可能です。主成分分析では，**スコア**と呼ばれる，そのサンプルの主成分軸上での得点（重心からの距離）が得られ，第 1 主成分の「スコア」を x 軸，第 2 主成分のスコアを y 軸にとり 2 次元にプロット（K–L プロットともいいます）すると，サンプル間の類似度を視覚的にとらえることが可能になります。また，主成分の向きを表す基底ベクトルである主成分の「ローディング」をプロットすると，説明変数間の類似度をみることができます。**図 4.2** にビールの香気成分を主成分分析によって解析したスコアプロットの例を示します。

主成分分析は，重回帰分析と異なり，変数は説明変数のみを用いてデータの統合・縮約を目的とした方法で，目的変数との因果関係や定量的な関係はわかりません。しかし，目的変数がある場合には，第 5 章で説明する主成分分析のスコアを用いる主成分回帰分析，あるいは PLS 回帰分析を用いることができます。

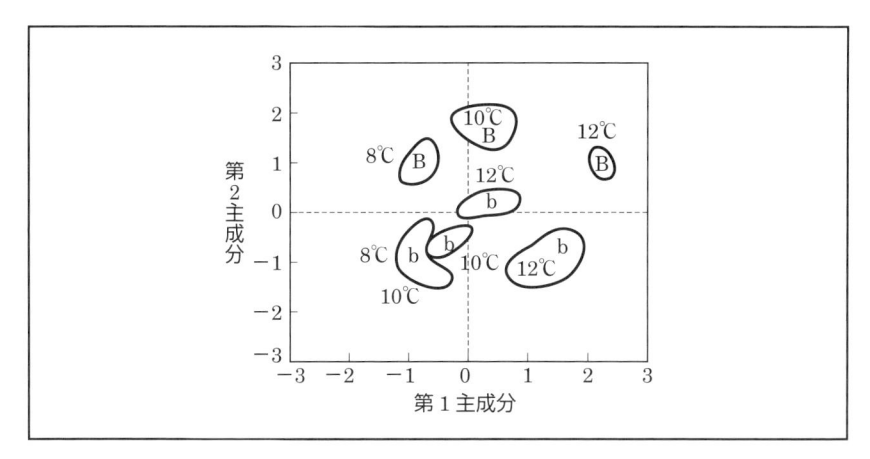

図 4.2 スコアプロットの例
（ビールの香気成分パターンによる分布；B は発酵工場，b は小規模の発酵，数字は発酵温度）
［出典：T. Jacobson et al., J. Inst. Brew., 85, 265（1979）］

2 因子分析 (factor analysis)

　主成分分析に類似した手法で，いくつかの説明変数が与えられているデータを説明する潜在的な要因（因子）を見つけ出すことが目的になります。実際の利用例としては，商品の品目別の売り上げから，消費者の嗜好を決定する因子を求めたり，調査票による測定の信頼性の検証などに利用されています。

　因子分析は主成分分析と計算的に類似していますが，**図 4.3** に示すように考え方の基本は異なります。因子分析では，説明変数 x_i は，その根本に直接には共通因子 f_i があり，それら共通因子による寄与と特殊因子 e_i（誤差）の組合せであると仮定します。各因子に対する重みを因子負荷量 v_{ij} で表すと，因子分析の基本モデルは次の式で表されます。主成分分析モデルとは異なり，説明変数が共通因子と特殊因子に分解されている点に違いがあります。

$$x_1 = v_{11}f_1 + v_{12}f_2 + \cdots + v_{1q}f_q + e_1$$
$$x_2 = v_{21}f_1 + v_{22}f_2 + \cdots + v_{2q}f_q + e_2$$
$$x_m = v_{m1}f_1 + v_{m2}f_2 + \cdots + v_{mq}f_q + e_m$$

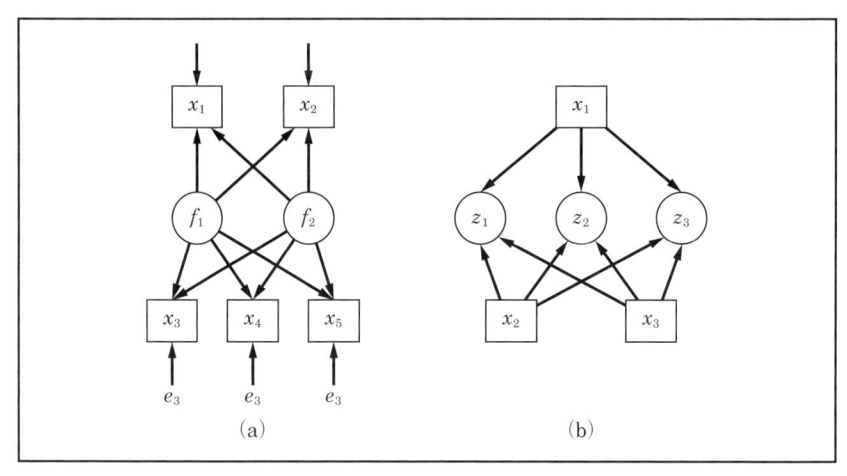

図 4.3　因子分析（a）と主成分分析（b）のアプローチの違い （記号は本文参照のこと）

3　クラスター分析（cluster analysis）

　クラスター分析は，多数の変数を持つデータを，その類似性に基づいて分類する方法であり，さまざまな計算法がありますが，非階層的手法と階層的手法に大別されます。

　非階層的手法は，**図 4.4** (a) に示すように，たとえば 2 種の特性値 x_1, x_2 座標平面上にサンプルをプロットしたとき，近接するものどうしで任意の数のカテゴリーにクラスタリングしたものです。代表的な手法に k-means 法（k 平均法）があります。

　一方，階層的手法は，データの分布図から各データ間の距離を求め，距離の近い順番に並べてデンドログラムとも呼ばれる樹形図で表示するものです（図 4.4 (b)）。最もよく使われる距離空間の計算は，ユークリッド距離（**図 4.5**；日常的に用いられる，いわゆる「距離」です）ですが，分散も考慮したマハラノビスの距離（図 4.8 後述）も利用されることがあります。

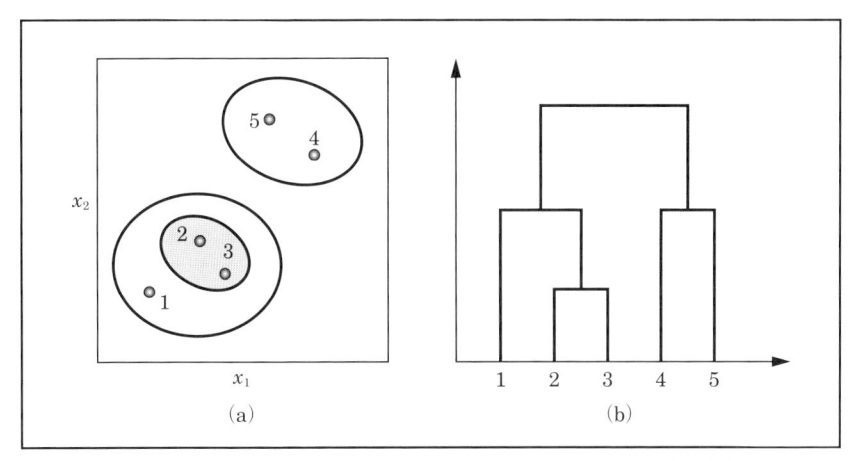

図 4.4　非階層的なクラスター分析（a）と階層的なクラスター分析（b）

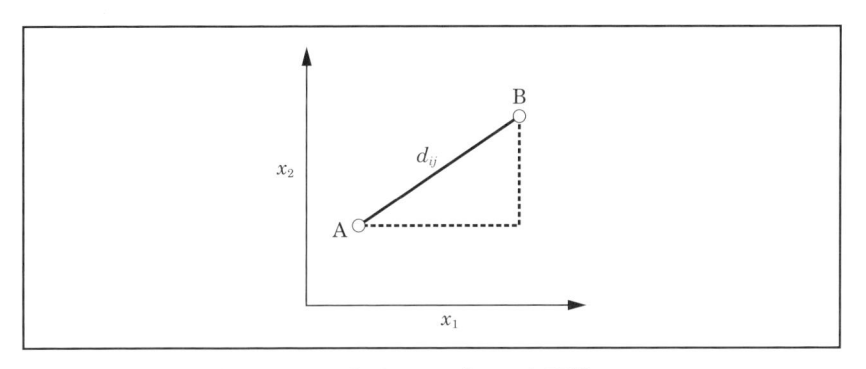

図 4.5　二つのデータ A，B 間におけるユークリッド距離 d_{ij}

📊 4.3　教師ありのパターン認識
(supervised pattern recognition)

　教師なしのパターン認識とは異なり，目的変数が存在するデータに適用するものであり，目的変数を基準として解析結果の妥当性を評価します。目的変数は適切な手法を選べば，量的，質的のどちらも扱えます。本書では，線形学習機械，k-NN 法，判別分析，ロジスティック回帰分析，決定木の各手法を紹介します。なお，質的データから量的な形で与えられる目

的変数を判別・予測する数量化Ⅱ類は，ダミー変数を導入した判別分析とみなすことができるため，割愛します。

1　線形学習機械 （LLM：linear learning machine）

識別を目的としたパターン認識手法で，統計的な分布を仮定しないノンパラメトリックな手法の一種です。「学習機械」とは，"その動作が過去の経験によって影響を受ける機械"と定義づけられています。この方法は，与えられたデータに基づいて d 次元の特徴 x_1, x_2,…, x_d の線形結合によって，識別関数 s を用いて 2 クラスの分類を基本的に行うものです。

その学習機械の考え方を把握するため，まず**図 4.6** (a) の 2 次元データの分類をみると，図中に示す $s = 0$ の直線によって二つのクラスに分類することができます。

この場合の識別関数 $s = 0$ は

$$s = w_0 + w_1 x_1 + w_2 x_2 = 0$$

となります。$s \geqq 0$ ならば，そのデータはクラス 1 に分類され，$s < 0$ ならクラス 2 に分類されます。図 4.6 (b) の 3 次元データについては，二つのクラスを分離する $s = 0$ の平面は

$$s = w_0 + w_1 x_1 + w_2 x_2 + w_3 x_3 = 0$$

となります。

一般に，d 次元パターン空間では分離平面は $d - 1$ 次元の超平面となります。線形分離ができない問題については，次で述べる k-NN 法やバックプロパゲーションによる階層型ニューラルネットワークなどが利用できます。

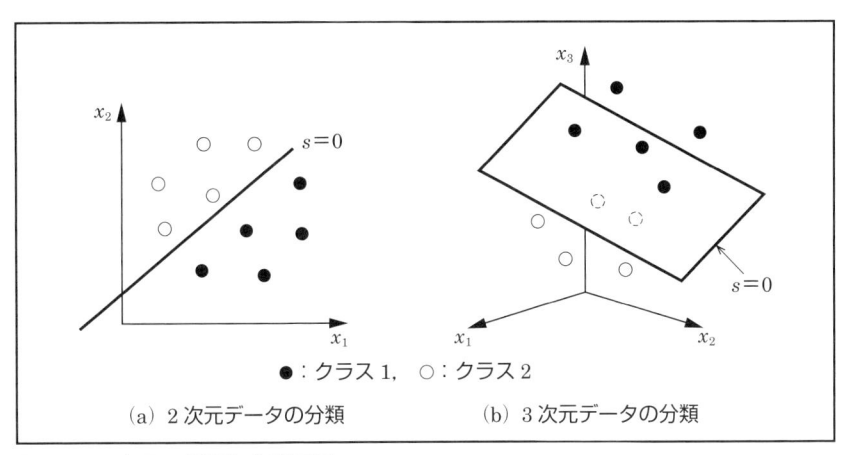

● : クラス 1, ○ : クラス 2

(a) 2 次元データの分類   (b) 3 次元データの分類

図 4.6　2 クラス分類と分離平面

2　k-NN 法 (k-nearest neighbor method)

　k-NN 法（k 近傍法）は線形学習機械とともに，特定の統計分布に基づかずにノンパラメトリックにデータを識別，帰属する方法です。この方法では，まず与えられた空間でデータどうしのユークリッド距離（図 4.5）に基づいて，パターン間の類似度を比較してクラスを決定します。

　クラスが未知のデータの分類は，クラスの明らかな距離の近い k 個のデータとの間の距離を計算しますが，k の数は 1，3，5，…のような奇数として，多数決でクラスの決定を行います。たとえば，**図 4.7** の場合，k＝5 でクラス 1 に帰属されることを示しています。

　k-NN 法は線形学習機械法と異なり，識別関数を決めるプロセスが不要であり，また線形分離が不可能なデータについても適用可能です。しかし，クラス未知のパターンと訓練集合中のすべてのパターンとの距離を計算する必要があるため，計算時間がサンプル数に比例して増大する欠点があります。

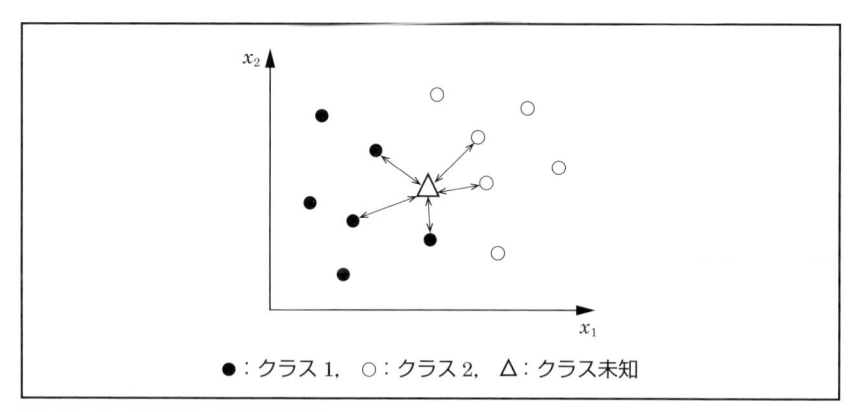

図 4.7　*k*-NN 法による分類例

3　判別分析 (discriminant analysis)

判別分析とは，複数の説明変数を持つデータを，その変数に基づいて，各データがどのグループに属するかを判別する方法で，教師ありのパターン認識の中で適用例が最も多い手法です。たとえば，複数の遺伝子発現データをもとに病気の診断や薬の効き目を判定する場合に用いられます。

この手法は，二つのグループのほか，三つ以上のグループに対しても有効です。判別分析には，いくつかの方法がありますが，次の二つが代表的なものです。

（1）線形判別分析

各グループについて，いくつかの説明変数が測定されているとき，2 グループの間に

$$a_1 x_1 + a_2 x_2 + \cdots + a_p x_p + a_0 = 0$$

という境界線または境界面を入れ（**図 4.8**），新たなサンプルが境界のどちら側に属するかを判別します。この式を**線形判別関数**といいます。

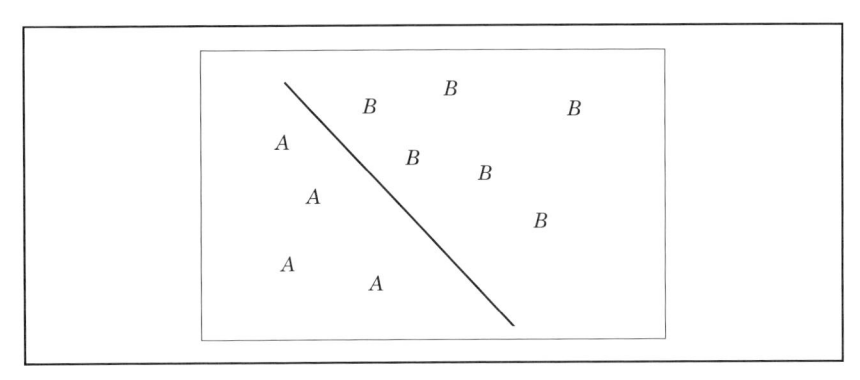

図 4.8　線形判別関数による境界線

（2）マハラノビスの距離による判別分析

　まず，与えられた 2 グループの中心をとります（**図 4.9**）。次に新たな
サンプルが二つのグループの中心との距離を計算し，その距離が近いほう
のグループに新たなサンプルが属するものと判別します。この距離には，
ユークリッド距離ではなく，**マハラノビスの距離**と呼ばれている概念を導
入します。マハラノビスの距離は，変数間の相関（分散など）を考慮して
定義された仮想的な距離計算の方法です。中心からのユークリッドの距離
が等しい場合でも，マハラノビスの距離は，相関に逆らう位置ほど遠くな
り，変数が無相関のとき，両者は一致します。2 変量の判別分析の場合，
マハラノビスの距離による判別分析では，2 次曲線でそれぞれ二つに分け
て判別することになります。

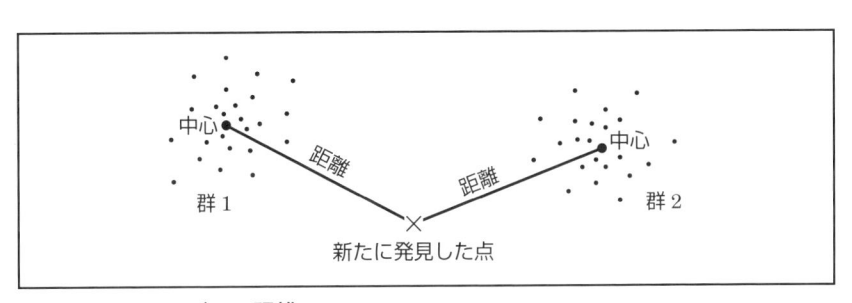

図 4.9　マハラノビスの距離

4 ロジスティック回帰分析 (logistic regression)

　判別分析と同様に，対象が属するクラスの予測を目的とした使い方と，比率のデータを目的変数として回帰分析を行うという二つの場面で適用できる手法です。したがって，判別分析が適用されるケースには，基本的にロジスティック回帰分析も適用可能です。

　ロジスティック回帰では，**図4.10** に示すロジスティック関数を使います。この関数は，シグモイド関数の一種でS字のような形をしていて，入力が正の大きな値では1に近づき，負の大きな値では0に近づきます。したがって，出力を確率として用いることができます。

　そのロジスティック関数は

$$\text{logistic}(y) = \frac{1}{1 + \exp(-y)}$$

と表され，その逆関数をロジット関数といいます。

$$\text{logit}(p) = \log \frac{p}{1-p}$$

　この関数を使って，次のような線形のロジスティック回帰モデルが導かれます。

$$\text{logit}(p) = b_1 x_1 + b_2 x_2 + \cdots + b_m x_m + b_0$$

　ここで，x_i は説明変数，b_i は回帰係数（$i = 1 \sim m$），b_0 は定数項です

　p はクラス1に属する確率を表し，$p/(1-p)$ を**オッズ**と呼んでいます。2クラスの分類では，クラスラベルは0と1しか存在せず，上式ではクラス1の確率だけを求め，クラス0に属する確率は自動的に $1-p$ になります。回帰係数は，勾配降下法という繰返し計算で解き，決定されます。

　ロジスティック回帰分析は，時系列分析，患者の病状の経過予測（予後診断）などによく用いられます。

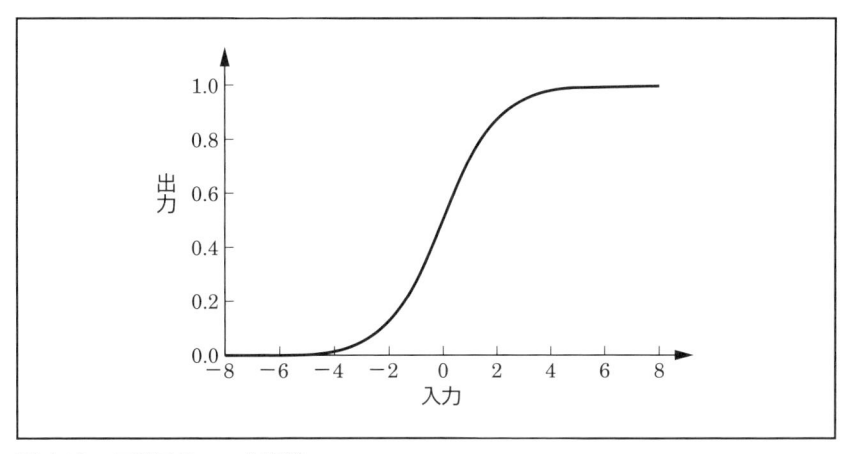

図 4.10　ロジスティック関数

5　決定木（decision tree）

　一般に一つの質的変数（カテゴリー属性）の目的変数について，複数の説明変数の値を用いて分類を繰り返し，いくつかのカテゴリーに分類する手法が**決定木**です。この決定木で使われるクラス分けの基準には

- ・あるカテゴリーへの帰属の有無
- ・データをある基準値と比べたときの大小

などが用いられます。

　すなわち，決定木とは，与えられた対象の集まりを各対象が持つ性質を利用して分類する一つの方法です。その簡便性もあって，決定木は計算機科学の分野以外の生物学などにおいても広く利用されています。

　決定木による解析では，いくつもの判断経路とその結果を樹形図，またはツリー構造と呼ばれる図を作り表示します。ここで，このツリー構造は，ノード（分割された一つのグループを意味）と，そこから分岐したリーフ（葉）で示されます。ノードはそこからの分岐条件を示し，データサンプルは次のノード，もしくはリーフへと引き渡されます。リーフはこれ以上分岐する必要がない状態を意味し，最終的な分類を意味します。

　決定木の表示方法には，いろいろありますが，ここでは**図 4.11** に仮想的な問題として，健康な人と肝臓病患者の血液検査の項目総タンパク質値

と ALB（アルブミン）値のデータから，肝臓病か否かを判別する例をとりあげます。この例では，ノード0（分割されていない元のデータ）に示されているように健康な人と肝臓病の人がそれぞれ50%ずつのとき，総タンパク質の値が10.0 g/dL以下か否かで2つのグループ（ノード1と2）に分けられています。ノード2はこれ以上分けられませんが，枠の中の情報からこのノードに属する人は正常と判断されます。ノード1は，さらにALB値が4.0 g/dL以下か否かによって，ノード3と4に分けられます。ノード3では肝臓病が100%，ノード4では正常が100%と判断されています。

決定木は，Web検索サイトの解析，顧客分析，医療でのマイクロアレイの発現パターンによる分類など，さまざまな用途に使われます。

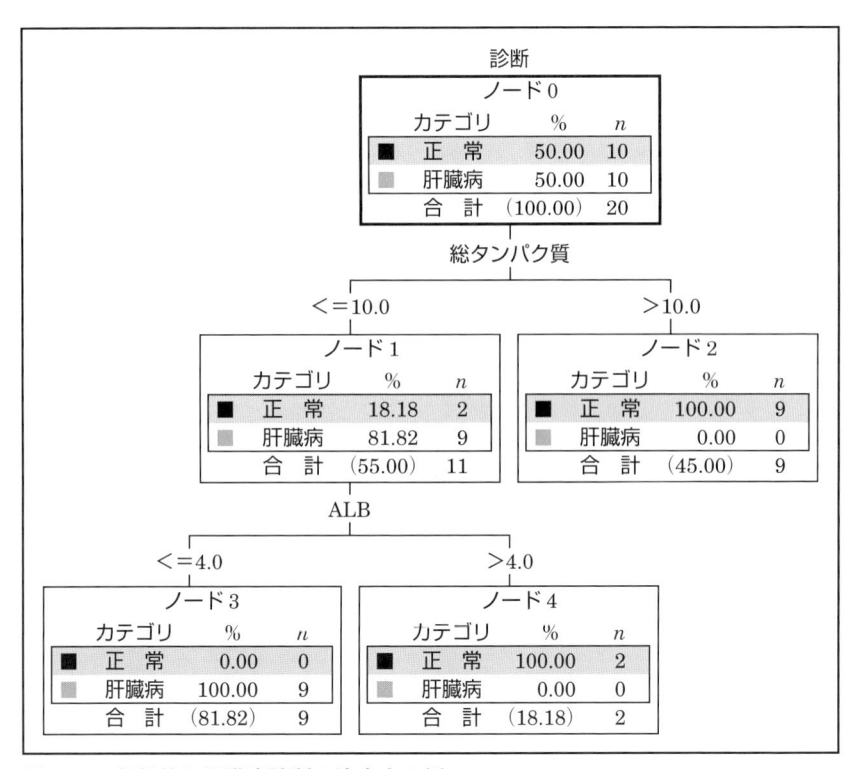

図4.11　仮想的な肝臓病診断の決定木の例

以上のようなカテゴリー分類を目的とする決定木は**分類木**と呼ばれますが，ほかに連続変数である量的データも分類処理が可能であり，これを**回帰木**と呼んで区別する場合があります。回帰木は，説明変数を値や範囲などで分割させ予測や判別のルールを構築する手法の一つであり，クラスター分析（4.2 節 3 項参照）に類似しています。クラスター分析では説明変数の類似度に基づきグループ化しますが，回帰木は一つの目的変数に対して複数の説明変数の値を直接用いてグループ化する点に違いがあります。

　決定木は，ほかの多変量解析のカテゴリー分類の手法と比べて，直観的に結果を理解しやすいという長所があります。さらに，決定木では結果が説明変数のスケールの影響を受けないため，事前に学習データの正規化や標準化を行う必要がありません。

　しかし，決定木の弱点として，どこまで枝分かれを行うか任意性があり，過学習になる傾向が強いとされています。また，二つの要因で優劣が判定しにくい場合には，枝分かれのより初期の段階に遡って決定木を作り直す必要性がある場合があります。

　このような弱点を避ける方法の一つに，複数の決定木を作り多数決で分類を行う**ランダムフォレスト**と呼ばれる新しい手法があります。これは，まず一部のサンプルと，一部の説明変数のデータセットをランダムに複数作ります。それらのセットをそれぞれ処理し，複数できた木構造の結果から説明変数の重要度をみて，総合的に評価するというものです。

第4章のポイントと課題

☑ パターン認識は，観測されたパターンをカテゴリーに分類する手法である。

☑ パターン認識は，説明変数のみを用いる教師なしのパターン認識と，説明変数とともに目的変数を使う教師ありのパターン認識に大別される。

☑ 主成分分析は，多変量データの特徴を抽出したり，いくつかのカテゴリーに分類するための，新しい合成変数を求める方法である。

☑ 因子分析は，多変量データを説明する潜在的な少数の因子を見つける方法であり，説明変数を共通因子と特殊因子に分解する点に主成分分析との違いがある。

☑ クラスター分析は，あるデータ群を数値データの類似性によって分類する方法で，非階層的な方法と階層的な方法に分けられる。

☑ 線形学習機械と k-NN 法は，統計的な分布を仮定しないノンパラメトリックな手法であり，データを識別，帰属する方法である。

☑ 判別分析は，複数の説明変数を持つデータを，その変数に基づいて各データがどのカテゴリーに属するか判別する方法である。

☑ ロジスティック回帰分析は，時間の経過の中での起こる現象を解析する時系列分析や，機械学習における分類・識別の一つの手法として利用される。

☑ 決定木は，あるデータ群をいくつかのクラスに分けるため，いくつかの判断経路とその分類結果を木構造によって視覚的に表現する方法である。

📖 教師ありのパターン認識には，図1.3に示したように第7章と第8章でとりあげるサポートベクターマシンとニューラルネットワークも含まれる。それらのパターン認識への応用例を調べてみましょう。

📖 線形学習機械や線形判別分析とは異なった分類法として，SIMCA（Soft Independent Modelling of Class Analogy）法が開発されています。その特徴について調べてみましょう。

第5章
多変量解析

多変量解析は複数の変数を持つデータの統計解析を行う手法であり，複雑な現象の解析を行い，目的変数の予測を行うことがおもな目的です。データ量が多く，計算が非常に大変なため，コンピュータの高性能化とともに利用が拡大してきました。

応用例は多岐に渡りますが，企業における研究開発や生産工程，商品開発，マーケティング，売上予測など複雑な事象の場面において，種々の多変量解析の手法が使われています。気象予測や臨床医学での診断や治療上の意思決定などでも有用性が認められています。

5.1 多変量解析とは

　多変量解析は，変数が複数存在するデータを同時に取り扱い，相関関係や変動，説明変数の重要度などを調べる統計手法で，重回帰分析，主成分分析，判別分析，因子分析，クラスター分析，数量化理論，…… などを総称したものです。

　ここで多変量とは，相互に何らかの相関がある多くの特性値を同時に考慮してデータの分析を行うことを意味します。現実の社会現象はすべて，さまざまな要因が複雑に絡み合ってできているものです。そのような現象を解明するために多変量解析はいくつかの想定される要因を一度に解析し，そのなかから重要な説明要因を見つけるといったことに使われます。さらに，多くの説明変数を使って，目的変数の予測をしたり，データのパターン分類や判別，識別などを行う場合にも使われます。

　多変量解析は，目的変数と説明変数のデータの形態によって，適用できる方法が異なります。第4章のパターン認識でとり上げた主成分分析，判別分析，因子分析を含めた代表的な多変量解析の手法を分類したものを**表5.1**に示します。

表 5.1　多変量解析のデータ形態による分類

目的変数	説明変数	解析手法	用　途
数量	数量	重回帰分析	予測
数量	数量	主成分回帰分析	予測
数量	数量	PLS 回帰分析	予測
数量	カテゴリー	数量化 I 類	予測
カテゴリー	数量	判別分析	分類，判別
カテゴリー	カテゴリー	数量化 II 類	分類，判別
なし	数量	主成分分析	パターン認識
なし	数量	因子分析	パターン認識
なし	カテゴリー	数量化 III 類	パターン認識

多変量解析は，計算が非常に大変なため，かつて理論だけが存在しましたが，コンピュータの出現，急速な進歩により広く使われるようになりました。この手法の基礎は，目的変数に対して説明変数が一つの二変量解析，すなわち**単回帰**にありますので，その基礎からみていきます。

📊 5.2　相関と回帰

1　単回帰モデル

単回帰分析（simple linear regression）では，一つの説明変数 x に対応して変動する目的変数 y との関係を，次のような関係式を仮定して調べます。

$$y = ax + b \qquad ①$$

傾きを表す回帰係数 a と切片 b は最小二乗法（3.5 節）によって決定されます。

もし x-y の散布図から，直線関係にないことが明らかであれば，変数変換により直線化を試みるか，式①に二次の項を説明変数に加えた次の式により，曲線の回帰分析を行うことが可能です。

$$y = ax^2 + bx + c \qquad ②$$

単回帰分析は目的変数と説明変数が 1 対 1 の場合ですが，現実の問題は複数の説明変数を同時に評価する必要がある場合がほとんどです。このような場合には重回帰分析が必要になります。

2　回帰の評価尺度

得られた回帰式について，標準偏差や相関係数に加えて，次の三つの評価尺度が一般に用いられます。

● 平均絶対誤差（mean absolute error）MAE

$$MAE = \frac{1}{n} \sum_{i=1}^{n} |y_i - \hat{y}_i|$$

● 平均二乗誤差（mean squared error）MSE

$$MSE = \frac{1}{n} \sum_{i=1}^{n} (y_i - \hat{y}_i)^2$$

● 平均二乗平方根誤差（root mean squared error）RMSE

$$RMSE = \sqrt{\frac{1}{n} \sum_{i=1}^{n} (y_i - \hat{y}_i)^2}$$

ここで，n はデータの係数，y_i はデータの i 番目の実測値，$\hat{y}_i$ はデータの i 番目の予測値です。

📊 5.3 重回帰分析

1 重回帰分析とは

多変量解析の手法のなかで，最もよく用いられているのが重回帰分析です。単回帰分析を多次元変数に拡張したもので，目的変数 y と，それに影響を与えるいくつかの説明変数 $x_1, x_2, \cdots, x_p$ との関係を次の式のように線形結合*で表現したものです。

$$y = a_1 x_1 + a_2 x_2 + \cdots + a_p x_p + b$$

ここで，y は目的変数，x は説明変数，a は偏回帰係数，b は定数項です。

重回帰分析（MLR：multiple linear regression）は，上式を使って，目的変数の予測や目的変数と説明変数との定量的な関係の把握に役立てようとする手法です。単回帰式は，重回帰式で説明変数が一つの場合になりま

---

*厳密には，重ねの理，すなわち，$f(x+y)=f(x)+f(y)$ および $f(ax)=af(x)$ が成立する場合をいいます。

す。回帰式の係数（偏回帰係数）と定数項は，最小二乗法によって実測値と予測値との差（残差）の二乗和が最小になるように計算されます。

たとえば，コンビニエンスストアの売上高が y 円，可処分所得が x_1 円，労働人口が x_2 人，消費者物価が x_3 円というデータが N か所で測定して得られたとします。そのとき，y と $\{x_1, x_2, x_3\}$ との間にどのような関係があるかを解析して，その結果から可処分所得，労働人口，消費者物価の値からコンビニエンスストアの売上高を予測するような場合に使われます。応用例はさまざまですが，特に，売上予測，需要予測，人口予測，医療効果予測などの予測という名称のつく場合には重回帰分析の効果が発揮される場合が多いとされます。

/ COLUMN / **薬物の設計にも用いられる重回帰分析**

重回帰分析が標準的な手法として用いられる分野として，薬物の設計で用いられる化学物質の構造と生物学的な活性との関係を探る**定量的構造活性相関**（QSAR）があります。たとえば，水中に生息する繊毛虫類の化学物質に対する急性毒性（Tetrahymena pyriformis に対する IGC_{50}）を目的変数，化学物質の特性値である疎水性のパラメータ $\log P$ と電子的なパラメータ E_{LUMO} を説明変数とした 239 化合物について次のような重回帰式が報告されています（Romualdo Benigni ed, Quantitative structure–activity relationship (QSAR) models of mutagens and carcinogens, p.246, CRC Press, Boca Raton (2011)）。

$$\log \frac{1}{IGC_{50}} = 0.60 \log P - 0.33 E_{LUMO} - 1.00$$

$$n = 239, \quad R^2 = 0.80, \quad s = 0.34, \quad F = 476$$

ここで，n はデータの件数，R^2 は決定係数，s は標準偏差，F は全分散比です。

2　モデル構築上の留意点

①　多重共線性

説明変数間に線形従属の関係がある（相関が高い）場合，見掛け上，決定係数の値は高くなりますが，回帰係数を正しく求めることができません。重回帰分析のソフトウェアを使う場合には，目的変数と説明変数，説明変数どうしの単相関係数が相関行列として表示されるため，多重共線性の問題を検討するときに役立ちます。

②　データと説明変数の数

一般的に説明変数を多くすればするほど，決定係数の値は高くなる一方で，未知のデータに対するモデルの汎用性が低くなることが知られています。サンプルサイズ n と説明変数の数 p の間には，次の関係が成立する必要があります。

$$n - p \geqq 2$$

$n = p + 1$ のときも計算は可能ですが，どのような説明変数であっても（単なる乱数でも）寄与率 R^2 は 1 となってしまい，意味のないモデルになってしまいます。このとき，残差の自由度は 0 になりますから，分散分析の結果から式の有意性や回帰係数の有意性を評価することができません。さらにデータの数が一つ減り $n = p$ になると，回帰分析そのものが実行できません。そのため，実際には，説明変数の数が多い場面では，次のような対処が必要になります。

- 説明変数の数を減らすため，変数選択を行う。
- 説明変数を統合した新たな変数 z をつくり，その z を説明変数として重回帰分析を行う（5.5 節「主成分回帰分析」，5.6 節「PLS 回帰分析」）。

3　モデルの評価

①　決定係数（＝寄与率，R^2）

決定係数 R^2 は，単回帰分析と同様に回帰式の予測精度を 0 〜 1 の値で示したものです。重回帰分析の式によって説明される y 中の変動割合を示

し，次式で表されます。

$$R^2 = 1 - \frac{\text{目的変数と予測値の差の二乗和}}{\text{目的変数の分散}}$$

　この値は予測精度が高いほど1に近づき，低いほど0に近づきます。また，R は重相関係数とも呼ばれます。統計的に有意なモデルの R^2 の基準はありませんが，$R^2 \geqq 0.8$ であれば精度が高く，$R^2 < 0.5$ であれば精度が良くないと判断するケースが多いといわれます。

　ただし，決定係数は，説明変数の数が増えると増加する数学的な特性があります。そのため，説明変数が複数ある重回帰分析では，その影響を調整した**自由度調整回帰決定係数**（＝**自由度修正済み寄与率**）AR^2 を用いて予測精度を評価する必要があります。AR^2 は説明変数の増加による決定係数の上昇分を調整した値で，R^2 より小さな値となり，重回帰式の実質的な予測精度が高いほど1に近づき，低いほど小さくなります。また，問題によっては，単に説明変数が多いため決定係数が高くなる場合がありますが，その場合には決定係数と自由度調整回帰決定係数の差が大きくなります。

　② **残差**

　y の実測値と回帰式からの計算値との差が残差であり，計算値に対する残差の分布から用いた説明変数やモデルの適切さが判断できます。また，目的変数の全変動を説明変数に対する回帰による変動と，回帰からの残差による変動に分解して，分散分析を適用して全分散比 F を求め，統計的な有意さを検定します。

　③ **予測への変数の寄与**

　重回帰分析では**どの変数がモデルの構築に寄与しているか**を明らかにすることが重要な目的の一つです。それを確かめるためのものに F 値があり，F 値が大きいほど，目的変数の予測に役立っている変数といえます。一般に F 値が2以上であれば，ほかの説明変数における F 値に関係なく，その説明変数がモデル化に役立っていると解釈する場合が通常です。

　また，t 値と p 値も，説明変数が有効であるかを評価するための指標で

す。これらの指標は，それぞれの説明変数に対して「回帰係数が0である」という仮説検定行った検定推定量です。なお，t 値は F 値の平方根を計算したものです。

4　重回帰分析の応用

①　変数選択法

説明変数の候補が多数あるとき，その変数の数がデータ数よりも多い場合がしばしばあります。また，前述のように，説明変数の数が多くなり，データ数に近づくと，見かけ上の決定係数の値がデータの如何にかかわらず，高くなります。

そのため，目的変数に対する影響度の大きな重要な変数だけを使った重回帰式を求める手法が変数選択法であり，次の五つの手法が代表的なものです。

- **総当たり法**：すべての説明変数の組合せを試し，最も高い R が得られる組合せを見つける。
- **変数増加法**：目的変数と最も高い相関係数を示す説明変数を選び，逐次予測に有効な説明変数を投入していく。
- **変数減少法**：全説明変数で重回帰式を作成し，R を減少させる割合の最も低い変数を除外していく。
- **変数増減法**：ステップワイズ法とも呼ばれ，説明変数を増加させるばかりでなく，有効ではなくなった説明変数を除外していく方法で，最も適用例が多い。
- **変数指定法**：経験的に重要性が明らかな変数を選び，重回帰分析に用いる。

②　ダミー変数の利用

説明変数として得られるデータは，必ずしも数値とは限りません。性別や血液型といった状態，程度，有無，または，Yes・No といった質的データを説明変数に用いたい場合，0 と 1 で表現した 2 値データを使うことが可能で，これを**ダミー変数**といいます。重回帰分析で，すべての説明変数にダミー変数を使う場合が，数量化 I 類に相当します。なお，ダミー変数

は，判別分析やロジスティック回帰分析などでも用いられる共通のテクニックになります。

5.4 数量化Ⅰ類

数量化Ⅰ類（quantification method of the first type）は，目的変数が数量，説明変数がカテゴリーデータのときに使える手法です。たとえば，定量的に把握できる交差点での交通事故件数を目的変数として，説明変数として信号の有無，見通しの良否，横断歩道の有無，交通量の多い・少ないなどの定性的データから説明しようとする場合などに適用できます。

数量化理論では，外的基準，アイテム，カテゴリーという用語を用います。外的基準は，重回帰分析の目的変数や判別分析の各群に相当するものです。**アイテム**（item）は，重回帰分析の説明変数，すなわちダミー変数のことで，**カテゴリー**はその内容のことです。使用されるアイテムは以下のように大別できます。

① 性別，職業，飲酒の程度，野菜の好き嫌いなどの名義尺度
② 成績の順位，交通機関の速さの比較などの順序尺度
③ 会社や船，家屋を規模の大きさで分類したりする間隔尺度
④ 年収の2倍，3倍，……のマンションのような，ある基準の何倍かというような比例尺度

数量化Ⅰ類の計算は，重回帰分析と同様に，外的基準の値と予測値との差をできるだけ小さくするために最小二乗法によって回帰式の係数を決定します。得られた回帰式の回帰係数のことを，数量化Ⅰ類では**カテゴリースコア**（category score）と呼びます。また，外的基準の予測値のことを**サンプルスコア**といいます。

外的基準とサンプルスコアとの当てはまりの良さや，各アイテムの影響度の大きさの評価は，重回帰分析のときと同じように重相関係数 R，決定係数 R^2，偏相関係数を定義することができ，これらの数値を用いて行うことができます。

ⅲ 5.5 主成分回帰分析

重回帰分析固有の欠点を避けるために開発されたもので，元の変数 x から合成した主成分 z を説明変数として重回帰式をつくる手法で**主成分回帰分析**（PCR：principal component regression）と呼ばれます。PCR のモデルは，重回帰分析の式の説明変数を主成分 z_i に置き換えた次式になります。

$$y = a_1 z_1 + a_2 z_2 + \cdots + a_p z_p + b$$

回帰係数の求め方，結果の評価などは重回帰分析と全く同じです。PCR において全主成分を説明変数として使用した場合には，重回帰分析と同一の結果となります。**図 5.1** には重回帰分析と比較した PCR の基本的な考え方を示しました。

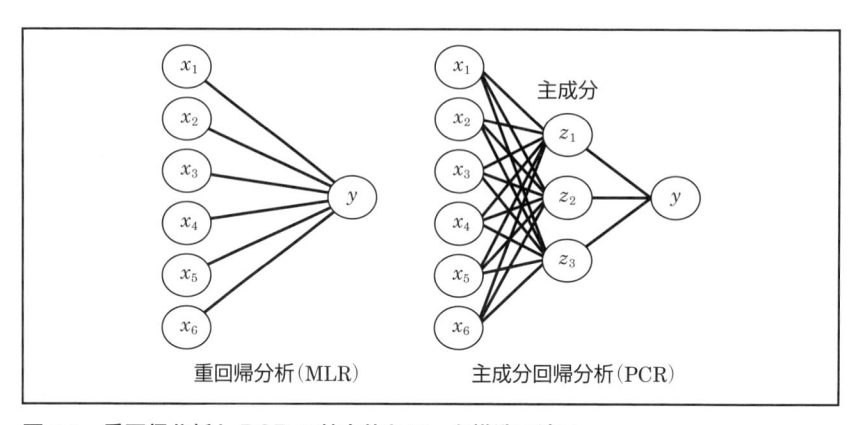

図 5.1　重回帰分析と PCR の基本的なデータ構造の違い

PCR は，特に次に示す場合に有効な方法です。

・サンプルサイズが説明変数の数より少ないとき

・多重共線性があるとき

一方，説明変数を主成分に置き換えるとき，その主成分は元の説明変数 $x_1,\ x_2, \ldots,\ x_p$ の多変量としての変動を効率よく要約するという観点から

選ばれており，必ずしも目的変数 y の変動を説明するものとして選択されたものではありません。つまり，第 1 主成分が y と最も相関が高く，その変動を必ずしも最もよく説明するということにはなりません。このため，PCR ではすべての主成分を抽出して，それを説明変数の候補として，変数増減法や総当たり法などによって，説明変数の選択を行う必要があります。

📊 5.6　PLS 回帰分析

　PLS（partial least squares）回帰分析は，1960 年代に計量経済学者であった Herman Wold と息子の Svante Wold によって開発され，1980 年代に利用が広がった最も新しい統計的な手法です。この方法の特徴は，通常の回帰分析では，説明変数のみに誤差が存在すると仮定しますが，PLS では説明変数と目的変数の両方に誤差を仮定する点にあります。さらに，PLS では説明変数の数がサンプル数を上回る場合でもモデルを構築でき，また目的変数が複数の場合（y_1, y_2,..., y_n）にも同時に取り扱えるという利点があります。

　PCR では説明変数側の情報のみで潜在的な因子を抽出して説明変数としますが，PLS では，目的変数 y との相関を考慮して，説明変数（x_1, x_2,..., x_p）を合成した新しい変数（t_1, t_2,..., t_p）を作成して，重回帰分析を実行します。その結果，PLS では変数が含む全情報を利用して回帰式を算出するため，PCR より一般に高い予測精度が得られます。

　図 5.2 は，説明変数 X 側，目的変数 Y 側それぞれ 3 変数の場合の PLS の手順を示したものです。また，PCR と同様に重回帰分析で問題となる可能性のある多重共線性の問題も解決できるという利点があります。

　現実のデータについて，非線形の場合も多々あります。PLS における非線形のデータのアプローチとしては，合成変数について 2 次の項を加えた多項式を利用して回帰を行うものや，ニューラルネットワークの入力に合成変数を用いる方法などがあります。

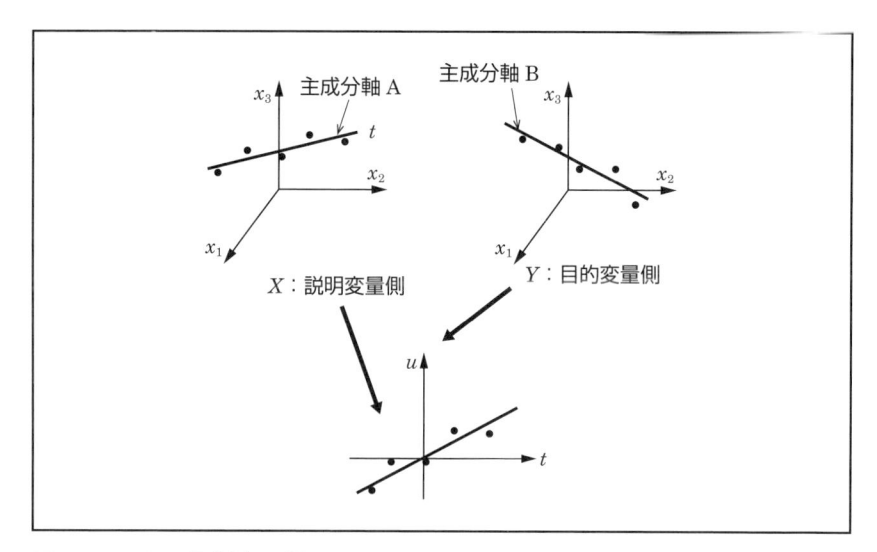

図 5.2　PLS 回帰分析の手順

📊 5.7　クロスバリデーション

　一般に多変量解析にあたって，予測性がある統計的に有意なモデルを構築するため，データセットをモデルの構築に使うトレーニングセット（訓練データ）とそのモデルの予測性をみるテストセット（検証データ）に分けて分析する**クロスバリデーション**（cross validation；交差検証）が行われます。

　クロスバリデーションでは，サンプル数が十分な場合，得られたデータをトレーニングセットとテストセットに分ける**外部バリデーション法**が用いられます。サンプル数が十分でない場合，得られたデータ内でトレーニングセットとテストセット選び，それらを交互に変えて計算を行う**内部バリデーション法**が用いられます。

　内部バリデーション法では，データセットを K 個に分割して，$K-1$ 個で訓練をして残りの 1 個でテストすることを K 回繰り返します。$K=2$ の場合の 50：50 クロスバリデーションの様子を**図 5.3** に示します。そのうち，データを一つずつに分けて，データの個数と同じ回数だけ「訓練＋

テスト」を行う場合が，**1 個抜き交差検証法**（leave-one-out 法）と呼ばれます。この手法は，データ量が十分でない場合でも，すべてのデータを有効に活用できますが，訓練とテストを K 回行うため，計算時間がかかるという欠点があります。

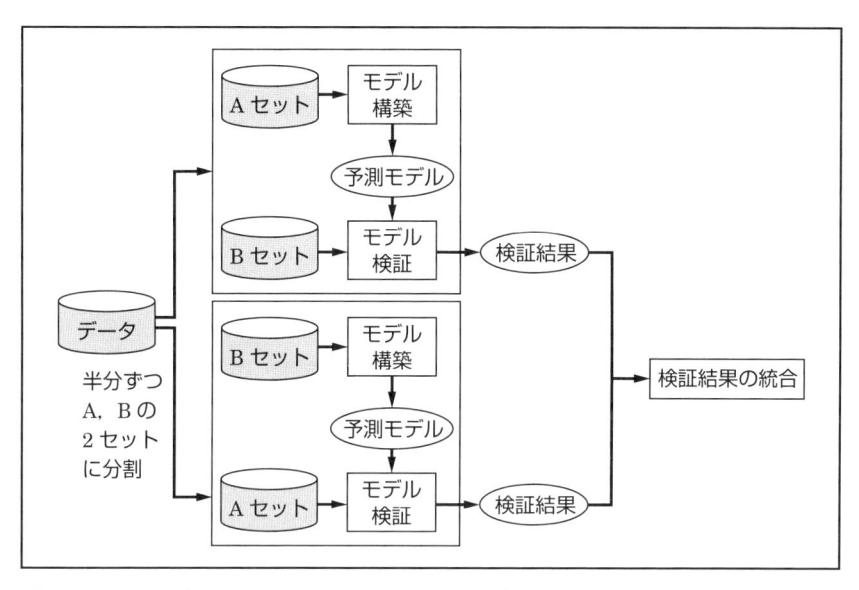

図 5.3　50：50 クロスバリデーションのイメージ

第5章のポイントと課題

- ☑ 重回帰分析は，ある注目しているデータ（目的変数）を別の複数のデータ（説明変数）で表した重回帰式を求め，予測と要因分析が目的である。
- ☑ 重回帰分析で，すべての説明変数にダミー変数を用いた場合，数量化Ⅰ類と同じモデルになる。
- ☑ 数量化Ⅰ類は，定性的な要因から目的変数を説明する方法であり，外的基準，アイテム，カテゴリーという用語を用いる。
- ☑ 重回帰分析の多重共線性の問題点などを回避する手法に，主成分回帰分析とPLS回帰分析がある。
- ☑ 多変量解析において，予測性のある統計的に有意なモデルを構築するための手法が，クロスバリデーションである。

- 📖 回帰分析を行いたいデータに，欠損値があった場合，予想モデルを作成する際の事前処理はどのようにしたらよいか，考えてみましょう。
- 📖 AIC（赤池情報量基準）とはどのようなものか，調べてみましょう。
- 📖 重回帰分析，主成分回帰分析，PLS回帰分析および数量化Ⅰ類の実際の応用例について，調べてみましょう。また，これらの手法を単一ではなく，複数組み合わせた応用例についても考察してみましょう。たとえば，次の参考文献などに具体例が多数，収載されています。

柳井晴夫，岡太彬訓，繁桝算男，高木廣文，岩崎学（編）：多変量解析実例ハンドブック（新装版），朝倉書店（2013）

第6章
遺伝的アルゴリズム

　遺伝的アルゴリズムは，設計変数を遺伝子と見立てて，進化論的な遺伝の法則を模倣したモデルを用いてデータを操作し，さまざま問題解決や学習，推論などに応用することが可能です。

　応用例には，航空・交通関係では翼の断面形状の最適化や飛行経路の最適化，鉄道会社の配送計画，ジェットエンジンの設計，新幹線「N700系」のフロントノーズの設計などのさまざまな最適化問題が主流です。また，ガスパイプライン制御やスケジューリング，バイオインフォマティクスの分野では，遺伝子の情報解析，タンパク質の構造決定などがあります。

6.1 遺伝的アルゴリズムとは

機械学習の手法の一つに，生物の進化のメカニズムをまねて知識を獲得する**進化計算**（evolutionary computation）があります。その代表例が，生物の遺伝と進化のメカニズムを模倣したモデルを用いてデータを操作し，最適な結果を求めたり，学習，推論を行ったりする**遺伝的アルゴリズム**（GA：genetic algorithm）です。

生物は環境にうまく適応できると増殖が可能になり，自然淘汰の原理により適応できない場合には最終的に絶滅します。単細胞生物のような下等生物は，増殖は体細胞分裂によって行われ，遺伝子はコピーされて子孫へ伝わり，多くの世代を経てもほとんど変わらない子孫が作られていきます。

一方，高等な生物では，増殖は**有性生殖**で行われ，遺伝子の**交叉**（こうさ）によって父方と母方の遺伝子は混ざり合い，そのため全く同じ個体は生成されず，少しずつ異なる個体が生成されます。高等な生物では，個体機能の制御機構として脳神経系，内分泌系，酵素系，免疫系などの機構があり，脳神経系は，後天的な学習や経験によって大きく発達します。また，遺伝子のコピーが行われる際，高等生物，下等生物にかかわらず，エラーが生じることがあり，これによって**突然変異**が生じて生物の多様性が広がることになります。

以上のように親から子へ遺伝子によって生物としての情報伝達が行われますが，次世代へは環境への適応度の高い遺伝情報が優先的に伝えられ，適応度の低い個体は短命であったり増殖できなかったり，**自然淘汰**されていきます。

遺伝的アルゴリズムでは，従来の数学的手法とは異なるプロセスによって解を求めるために，対象とするシステムのパラメータの集まりを一つの遺伝子とみなして，次のように遺伝と進化の基本的な原理を活用します。

6.2 遺伝的アルゴリズムの基本的操作

　生物学的な見地から，遺伝子とは，DNA のうち遺伝情報を担う部分のことです。特定の遺伝子は染色体の**遺伝子座**（特定の位置）に存在して，そこでの塩基の配列によって表現されています。また，ある形質が遺伝子でほぼ決定されるとき，外に現れる形質のことを表現型，その背景にある遺伝子の状態のことを遺伝子型といいます。

　遺伝的アルゴリズムでは，シンボルや数値を 1 次元に並べて（**コーディング**といいます），それを解（染色体）として扱い，その 1 次元での位置を遺伝子座として扱います。たとえば，実際には染色体は**図 6.1** のようにコーディングされ，この 1，0，1，0，…と並んでいるのが，解である遺伝子になります。この 1 と 0 の意味は，問題によって自由に設定できます。また，この遺伝子が入った枠が遺伝子座になります。この初期生成した個体の環境への適応性，すなわち，**適応度**（fitness）を評価して，問題の解を求めていきます。

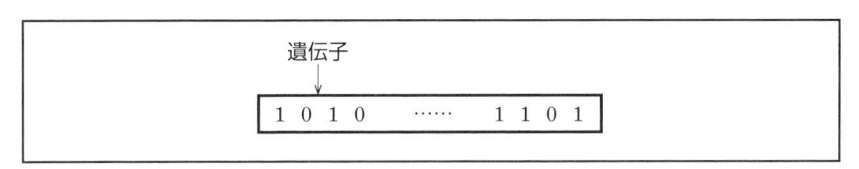

図 6.1　染色体のモデル

　遺伝的アルゴリズムの基本を構成している重要な処理プロセスは，次の三つです。
- ① 選択
- ② 交叉
- ③ 突然変異

以降で，それぞれ説明していきます。

1　選択（selection）

集団の中での各個体の適応度の分布に従って，次のステップで交叉を行

う個体の生存分布を決定します。基本的には，適応度の高い個体ほどより多くの子孫を残す機構になっていますが，いくつかの手法があります。

・適応度比例方式

最も基本的な方式で，各個体の子孫がその適応度に比例した確率で選ばれます。この方式では，各個体の子孫は適応度の高い個体ほど選択されやすくなるため，次のステップの交叉に進む可能性が高くなります。

・エリート保存方式

最も適応度の高い個体をそのまま次世代に複製する方法です。この方法を採用すると，その時点で最も良い解が選択され，交叉や突然変異で壊されない利点があります。普通は，次に述べるほかの戦略と組み合わせて用いられます。

・期待値方式

適応度の分布に基づいて各個体が選択される期待値（個数）を計算して，ある個体が選択されるたびに，その個体の期待値を小さくしていきます。これによって，選択された個体はだんだん選択されにくくなります。

・ランク方式

あらかじめ順位と選択する個体数との関係を決めておき，各個体を適応度の順に並べて，選択する個体を決めていきます。

・トーナメント方式

ランダムに複数の個体を選び，最も適応度の高いものを親として残します。トーナメントを行う個体の数は，2 が一般的ですが，より大きく設定する場合もあります。

2　交叉（crossover）

交叉は，二つの染色体間で，遺伝子を組み換え，新しい個体を発生させます。これは，選択によって選出された個体に対して，ある交叉位置で双方の染色体の一部ずつを採ってきて，子孫の染色体を作ります。

交叉法には，いろいろありますが，最も簡単な方法は，交叉点を 1 か所選んで，その前と後で，遺伝子を入れ換える方法です。これを **1 点交**

又と呼びます（**図 6.2**）。交叉点を複数にした場合，**複数点交叉**といわれ，**図 6.3** に示すように，複数の交叉位置を境に遺伝子の交換が行われます。そのほか，複数点交叉の一種であると考えられる**一様交叉**があります。この方法は，あらかじめ用意したマスク（一般には，ランダムなビット列）を用い，マスクパターンが 0 の位置では，子 A には親 A の遺伝子を，1 の位置では，親 B の遺伝子をコピーします。子 B に関しては，これの逆を行います。

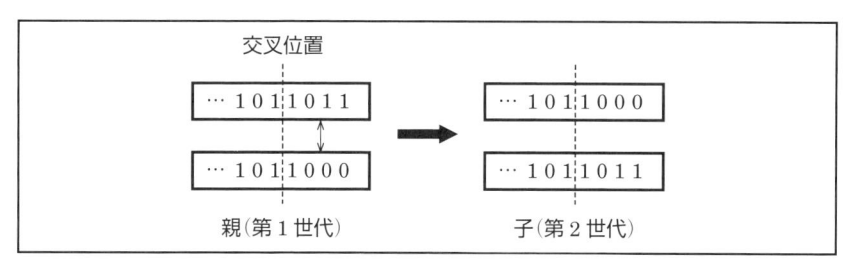

図 6.2　1 点交叉の例

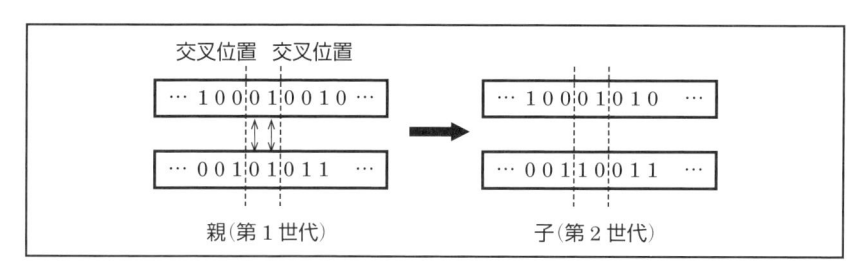

図 6.3　複数点交叉の例

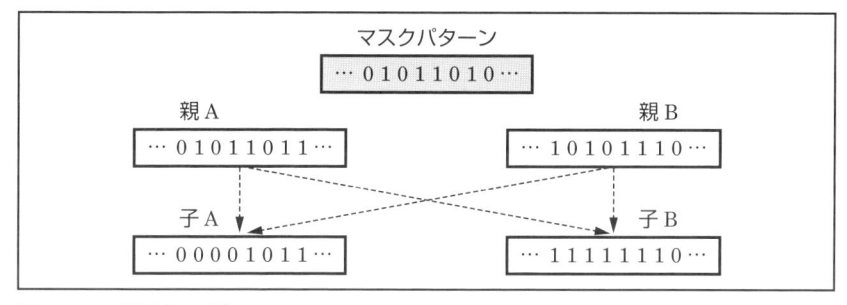

図 6.4　一様交叉の例

3　突然変異（mutation）

　遺伝子のある部分の値を強制的に変える操作です。これは，染色体上のある遺伝子を一定の突然変異率で，他の対立遺伝子に置き換えることにより，交叉だけでは生成できない子を生成して個体群の多様性を維持する働きをします（**図6.5**）。

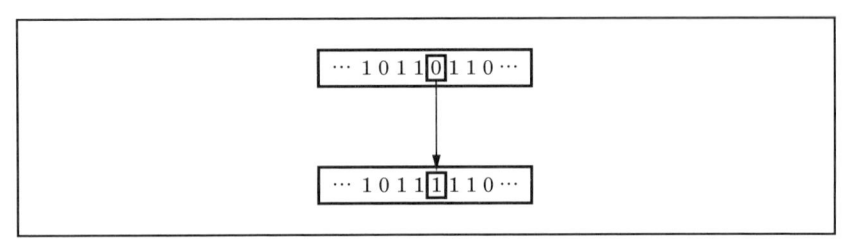

図6.5　突然変異の例

　これらの操作を終了すると，新しい世代の個体集団が作られたことになります。そして，これらを繰り返し行うことで，人工的な進化を起こし，最適解を発見していきます。

📊 6.3　遺伝的アルゴリズムの処理の流れ

　遺伝的アルゴリズムによる実際の処理は，**図6.6**に示すようなプロセスで行われます。

　①　ステップ1：**コーディング**

　対象とする問題を遺伝子の形で表現・変換します。

　②　ステップ2：**初期集団の生成**

　ステップ1で決められた遺伝子型で，要素が異なるさまざまな個体をランダムに発生させます。個体の数は，問題の難易度や性質，計算量などを考えて決めますが，一般的には数十件以上発生させます。

　③　ステップ3：**適応度の評価**

　各個体の適応度をあらかじめ定めた方法で計算します。適応度は，どれだけその個体が優れているかを示したもので，値が大きいほどよくなりま

す。一般に，あらかじめ定めておいた評価関数と呼ばれる関数を用いて，適応度は個体ごとに計算されます。

④　ステップ4：**選択**

ステップ3で評価した適応度に基づき，次のステップで交叉を行う個体の生命分布を決定します。

⑤　ステップ5：**交叉**

二つの染色体間で遺伝子を組み換え，新しい個体を生み出します。

⑥　ステップ6：**突然変異**

最後に，突然変異を加え，交叉だけでは生成できない子を生成して個体群の多様性（ばらつき）を拡大します。

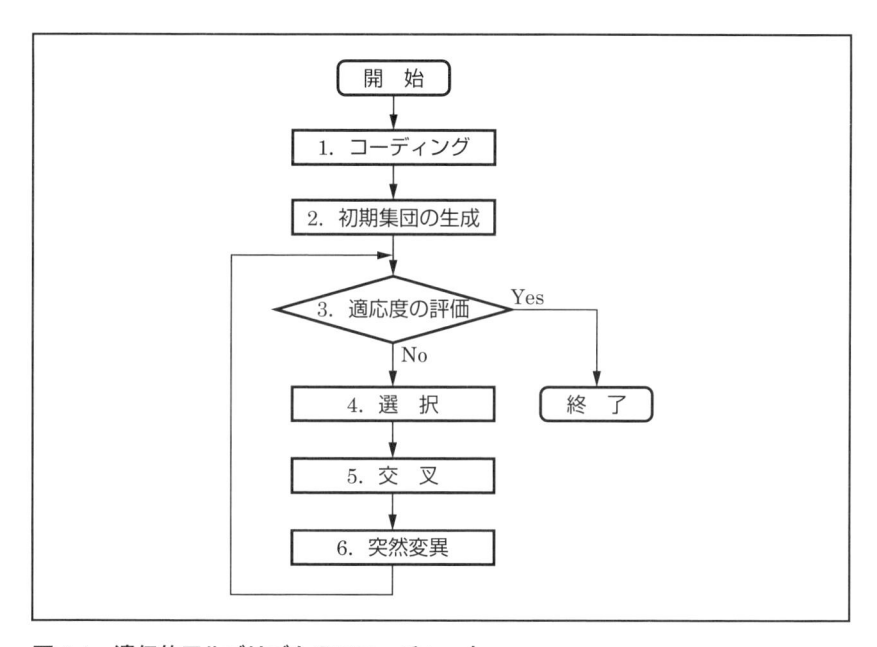

図6.6　遺伝的アルゴリズムのフローチャート

6.4 遺伝期アルゴリズムの応用

1 応用分野

遺伝的アルゴリズムは，科学，工学，ビジネス，社会科学などの広い分野で応用例があります。研究対象の問題も含めて**表 6.1** にその代表的な例を示します。

特に企画，設計，生産，人事，在庫管理などにおけるスケジューリング問題での応用が多くみられます。そのなかで，ジョブショップスケジューリングとは，生産現場などで機械の台数が決まっており，それを用いて複数の異なる仕事を効率よく実施できるスケジュールを決めることです。

表 6.1 遺伝的アルゴリズムの応用例

応用分野	応用例
スケジューリング	ジョブショップスケジューリング，タスク割当て，従業員に対する仕事割当て（看護師の勤務シフトの最適化，航空機のクルー配置など）
設計	通信ネットワーク，エンジン設計，IC 設計，形状設計，航空機の翼の断面形状の最適化，新幹線の先頭車両設計
組合せ最適化問題	自動車や航空機の経路最適化，遺伝子情報解析，ナップザック問題，巡回セールスマン問題
制御	プラントのプロセス制御，ロボット制御
金融	ポートフォリオの構築，市場予測
その他	タンパク質の構造決定，データベース検索，画像復元，目標物検出

2 組合せ最適化問題への応用

組合せ最適化問題の応用例としてよく知られているものに巡回セールスマン問題とナップザック問題がありますが，ここでは単純ですが，多くの応用例の基礎となっているナップザック問題への応用例をとり上げます。この問題は，たとえば，一定予算での物資の購入，金融取引意思決定，プ

ロジェクトの選択や貨物輸送システムなどの問題に応用されています。

　ナップザック問題は，**図 6.7** に示すように「容量 C のナップザック（袋）に複数の荷物を入れる際，このなかに n 個の品物を効率良く詰めるにはどうするかということを考えます。各々の品物は容積 c_i であり，その価値は p_i と表したとき，ナップザックの制限容量 C を超えないという制約のもと，いくつかの品物をザックに詰め，入れた物品の価値の和を最大化するにはどの品物を選べばよいか」ということです。この問題に対して，遺伝的アルゴリズムをどのように適用していくかをみてみましょう。

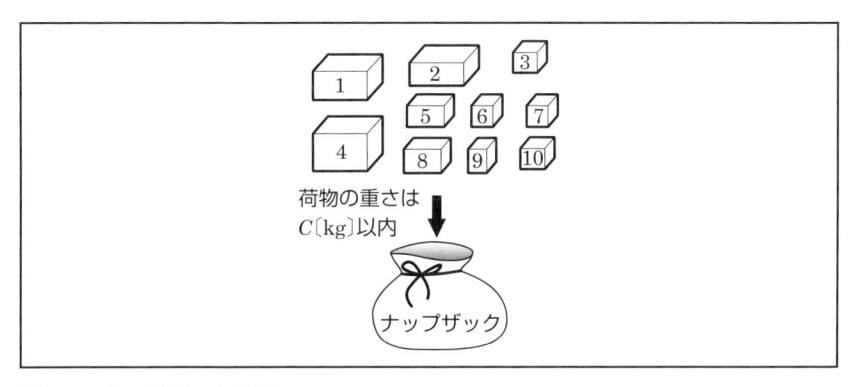

図 6.7　ナップザック問題

　図 6.7 のように荷物は全部で 10 個あり，これらのなかから C〔kg〕を超えない範囲で，できるだけナップザックに詰め込むような組合せを求めるとします。遺伝的アルゴリズムによるこの問題の処理は，図 6.6 のようにコーディングから考えます。

　①　コーディング

　染色体の各ビットを，各荷物に対応させます。10 個の品物それぞれに遺伝子を与えます。遺伝子は，0 か 1 のどちらかの値をとることにします。ここでは，0 の場合はその品物を選ばない，1 の場合はその品物を選ぶものとします。それを一列に並べたものを今回の染色体とします。

　たとえば，ある染色体を "0100010110" とすると，値が 1 であるビットから荷物 2，荷物 6，荷物 8，荷物 9 をナップザックに入れるということ

を意味します。

   ② 個体数を 10 として，10 個の染色体を用意します。

   ③ 適応度の評価

適応度は，良い個体ほど高い値になる必要があります。そこで，たとえば，染色体が選択した品物の価値の合計をそのまま適応度としたり，あるいは詰め込む荷物の容量の合計または重量も適応度と定義できます。制約条件としてザックの容量を越えないという条件が存在しますので，容量をオーバーした個体は，低い適応度を与えるなどの工夫が必要になります。

次のステップの選択，交叉，突然変異については，先に述べた各種の方法を用いることができます。

📊 6.5 遺伝的アルゴリズムの長所・短所

ここでは，遺伝的アルゴリズムの応用の際のポイントを把握するため，その特徴をまとめてみましょう。まず，遺伝的アルゴリズムの長所として次の点が挙げられます。

   ① 幅広い応用範囲を持っており，さまざまな問題に適応できる。

   ② 短時間で比較的優れた解を求めることができる。

   ③ 複数の個体間での遺伝的操作によって解の探索を行うため，単純な並列的解探索に比べて，より良い解を見つけやすい。

   ④ 適応度のみに基づくためアルゴリズムが単純である。

一方，次のような問題点があります。

   ① 対象とする問題に対して，遺伝的アルゴリズムを適用して解くための一般的方法が確立されていない。

   ② 個体数，選択方法，交叉法の決定，突然変異の割合など指定するパラメータやコーディングに対する一般的な規範がない。

第 6 章のポイントと課題

- ☑ 生物の遺伝と進化のメカニズムをモデル化したものが遺伝的アルゴリズムである。
- ☑ 複数の個体間での遺伝的操作によって解の探索を行う。
- ☑ 遺伝的アルゴリズムの基本的操作には，選択，交叉，突然変異の三つがある。
- ☑ 選択では，集団のなかでの適応度の分布によって，次のステップでの交叉を行う個体の生命分布を決定する。
- ☑ 交叉では，二つの染色体間で遺伝子組換えを行い，新しい個体を発生させる。
- ☑ 突然変異では，遺伝子の一部の値を強制的に変える。
- ☑ 応用分野には，各種設計問題，スケジューリング問題，組合せ最適化問題，制御問題などがある。
- ☑ 応用の際には，問題が遺伝的アルゴリズムによる解法に適しているか，解を遺伝子表現できるか，解の明確な評価ができるかなどのチェックが重要である。
- ☑ 問題点には，パラメータが多いことのほか，対象とする問題を遺伝子型に表現する一般的方法が存在しないことがあげられる。

- 📖 巡回セールスマン問題を遺伝的アルゴリズムで解く場合，必要な工夫について調べてみましょう。
- 📖 遺伝的アルゴリズムの拡張として提案された「遺伝的プログラミング」とは，どういうものか調べてみましょう。

第7章
サポートベクターマシン

　サポートベクターマシンは，"カーネル"と呼ばれる手法によって非線形の分類にも，また回帰にも使える教師あり学習のアルゴリズムです。

　この手法の応用例には，重回帰分析やニューラルネットワークによる回帰分析の代替法としての利用のほか，画像・音声などの情報データから，意味を持つ対象を選別して取り出すパターン認識の新しい手法として注目されています。

7.1 サポートベクターマシン(SVM)とは

サポートベクターマシン（**SVM**：support vector machine）は，もともと手書き文字などの画像を機械に認識させるためのアルゴリズムとして発展し，1990 年代後半，複雑な問題を効率よく扱う**カーネル法**と呼ばれる手法が提案されました。それによって分類アルゴリズムとして，自然言語処理で係り受け構造から文の意味を分類したり，化学物質の構造から毒性の有無を予測するパターン認識などの問題において，従来の手法より認識・予測精度が飛躍的に向上したケースが多く報告され注目されました。SVM はパターン認識ばかりでなく，連続値の予測にも用いることができ，その場合，特に SVR（support vector regression）と呼ぶこともあります。

　SVM は，ニューラルネットワーク（ANN；第 8 章）と同じ非線形解析手法の一つですが，ANN で問題となる局所解の問題が少ないことや，処理がきわめて高速なため大規模なデータの問題にも容易に適用できるなどの利点があります。SVM はデータ数が少ないとき，現在，最も精度が高い手法といわれています。

7.2 カーネル法

　2 変数の場合を例にとると，線形モデルによる直線による分類面が適切ではないとき，非線形モデルによる分類が必要になります。サポートベクターマシンは，非線形のデータについても**カーネル**（kernel）と呼ぶ写像関数（非線形変換関数）を用いて特徴空間（2 次元の場合は超平面）と呼ばれる高次元空間への写像を利用することで分類が可能になります。特徴空間のそれぞれの座標は，データ要素の一つの特徴に対応しています。

　図 7.1(a)のように直線で分割できない 2 群のデータがある場合，SVM ではカーネルによって中央のように線形分離できる境界線（超平面）を探索し，図 7.1 (b) のような 2 次元データの分割の問題に変換します。この場合，分割線は無数に引くことが可能であり，それが ANN において局所解が無数に存在することに対応しています。しかし，SVM では 2 群の

データのちょうど真ん中を通るように「マージン最大化」によって分割線を決めることが可能です。マージンは，超平面に最も近い学習データとの距離と定義されます。それが SVM による最適解になり，これによって ANN と比較して飛躍的な高速処理が可能になり，また，ANN の最大の欠点である局所解問題のリスクが軽減されます。

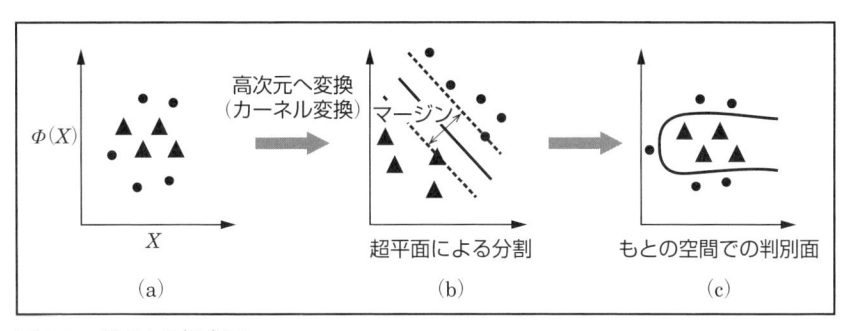

図 7.1　SVM の概念図

　図 7.1 では，入力空間で線形分離が不可能な問題を 2 次元の超平面へ写像して分離した例ですが，複雑な問題の場合，より高次な次元に写像を行う必要があります。このような写像を求める計算は特徴空間中のデータの座標を使うと計算量が多く複雑になりますが，SVM では次のような解析手法によって，元のデータセットから次元を高くすることが可能であり，この方法を**カーネルトリック**といいます。また，このようにカーネルトリックにより陽に特徴空間の変数を扱わない手法をカーネル法と呼びます。

　カーネル K は，写像した特徴空間のベクトルの内積で表され，次に挙げる線形，多項式，RBF（ラジアル基底関数），シグモイドという四つのカーネル関数が代表的なものです。

- 線形カーネル：$K(x_1, x_2) = x_1 \cdot x_2$
- 多項式カーネル：$K(x_1, x_2) = (x_1 \cdot x_2 + r)^d$
- RBF カーネル：$K(x_1, x_2) = \exp(-\gamma |x_1 - x_2|^2)$
- シグモイドカーネル：$K(x_1, x_2) = \tanh(x_1 \cdot x_2 + r)$

ここで，γ と r，d（自然数）はカーネルのパラメータ，$x_1 \cdot x_2$ は，x_1 と x_2

の内積を表しています。

　線形カーネルは，入力空間で線形分離が可能な場合に高次の特徴空間に写像する必要がないときに用います。RBF カーネルで γ は分布の半径を制御するパラメータです。SVM の特徴は，問題に適したカーネルを用いることによって，汎化能力を向上できることにあります。

　SVM にはオープンソースとして利用できるソフトウェアがいくつかありますが，カーネルの選択やパラメータの決定など計算にある程度の習熟が必要になります。そこで次節では，最もよく知られている SVM ソフトウェアの一つである LIBSVM（A Library for Support Vector Machines）がどのように使えるかをインストールから計算の実行まで紹介します。

　LIBSVM は国立台湾大学のグループによって開発されたオープンソースのサポートベクターマシンのライブラリであり，C++ 言語で記述されています。

▎ 7.3　LIBSVM による機械学習実行例

　LIBSVM には，分類（2 群または多群の判別）を実行する SVC（support vector classification）と回帰を実行する SVR（support vector regression），分布評価（1 クラス SVM）のための統合ソフトの機能があります。

　SVM では，モデルの最適化が必要になります。LIBSVM には，カーネルとして前節で説明した線形，多項式，RBF，シグモイドの 4 種類，および SVR のタイプとして ε SVR と ν SVR の 2 種類が用意されており，これらの中から最適な組合せを選ぶ必要があります。

　さらに SVM でも ANN と同様に過学習の問題があり，パラメータとして最適化すべきものが**表 7.1** のように多数あります。その中では，g（gamma）と c（cost）の設定が重要です。

表 7.1 SVM のカーネル関数の設定に関するオプションパラメータ

記号	内容	デフォルト
d	多項式カーネルの次数	3
g	RBF カーネルで用いるパラメータ	$1/k$
r	シグモイドカーネルのパラメータ	0
c	コストを表すパラメータ	1
n	SVM タイプが nu‐SVC，one‐class SVM，nu‐SVR のときに使用する nu パラメータの指定	0.5
p	終了のしきい値の設定	0.1

k は入力ベクトルの次元

・カーネル関数の選択

通常，デフォルトの RBF 関数を使用しますが，訓練データの件数と説明変数が多い場合は線形カーネルも試す必要があります。

・グリッドサーチによるパラメータ選択（3.7 節）

次の二つのパラメータを以下の範囲で動かして，最も精度が良かったパラメータの組合せを採用すると，高精度の安定した結果が得られます。

g（gamma）：0.01 ～ 10.0

c（cost）　：0.1 ～ 10.0

LIBSVM を用いたサポートベクターマシン解析は，以下のようにきわめて容易に行うことができます。

1　ソフトウェアのインストール

LIBSVM は以下のウェブサイトから入手できます。

https://www.csie.ntu.edu.tw/~cjlin/libsvm/

本書の執筆時点では，Version 3.22（2016 年 12 月 22 日）が最新版としてリリースされています。Download LIBSVM からダウンロード後，適当なフォルダに展開します。具体的な使用方法は，（英語ですが）README ファイルに記述されています。

2　SVM の実行例

ここでは，次の例題について SVR によるモデル化を説明します。なお，OS は Windows（64 bit 版）を想定しています。

<＜例題＞

　次の 25 社のデータから，目的変数を営業利益率，説明変数を資本金，従業員数，設立経過年数として，目的変数と説明変数との関係をモデル化せよ。

	目的変数	説明変数		
会社	営業利益率〔％〕	資本金〔億円〕	従業員数〔人〕	設立経過年数〔年〕
A	17.0	6.1	210	38
B	18.2	6.9	270	29
C	16.7	4.4	300	50
D	6.3	5.4	190	10
E	8.8	4.1	200	36
F	2.4	2.4	180	29
G	15.9	6.3	190	39
H	1.3	2.1	170	5
I	10.1	5.4	180	22
J	12.5	6.8	210	35
K	6.0	3.6	220	18
L	8.0	3.5	180	32
M	6.4	4.7	200	23
N	4.1	1.9	220	25
O	7.7	2.5	180	30
P	15.8	6.1	200	43
Q	12.9	4.4	280	17
R	14.1	6.3	240	38
S	11.1	4.8	180	35
T	5.6	1.4	160	49
U	10.0	4.3	260	16
V	8.5	6.3	150	27
W	7.5	3.6	150	36
X	10.5	4.9	210	22
Y	16.1	7.2	200	37

①　学習用とテスト用のデータ作成

　Excel などを用いて，SVM の学習用とテスト用のデータを作成します。

　まず，全データについて目的変数と説明変数を平均値と最大値および最小値を用いて，最大値 1.0，最小値 0 に標準化します（2.7 節）。

$$標準化後の値 = \frac{標準化前の値 - 最小値}{最大値 - 最小値}$$

次に，25 社のデータを学習用 20 社とテスト用 5 社に分けます。目的変数（営業利益率）を小さい順に並べ，小さいほうから 3 番，8 番，13 番，18 番，23 番目をテスト用データ，残りを学習用データとします。

　50：50 クロスバリデーション（5.7 節）により，モデルの最適化を行うため，学習用データを a，b の 2 セットに分けます。できるだけ均等なセットになるように目的変数を最優先キー（昇順）に設定して，並び替えを行います。データセットの 1 列目の左側にセット名を示す列を挿入し，データの 1 番目から順に a, b, a, b, a, b, …と交互に入力し，この列を最優先キーにして並べ替えを行うと，上から 10 行が a セット，その下 10 行が b セットになります。

　説明変数の前の列に，変数の番号を 1：，2：，3：とコロン付きで挿入します。

　以上の処理によって次の表が得られました。学習用のデータセットは a，b，テストセットは t としました。

セット	会社	営業利益率		資本金		従業員数		設立経過年数
a	H	0.000	1：	0.121	2：	0.133	3：	0.000
a	T	0.254	1：	0.000	2：	0.067	3：	0.978
a	D	0.296	1：	0.690	2：	0.267	3：	0.111
a	O	0.378	1：	0.190	2：	0.200	3：	0.556
a	V	0.426	1：	0.845	2：	0.000	3：	0.489
a	I	0.521	1：	0.690	2：	0.200	3：	0.378
a	S	0.580	1：	0.586	2：	0.200	3：	0.667
a	R	0.757	1：	0.845	2：	0.600	3：	0.733
a	G	0.864	1：	0.845	2：	0.267	3：	0.756
a	A	0.928	1：	0.810	2：	0.400	3：	0.733
b	F	0.065	1：	0.172	2：	0.200	3：	0.533
b	K	0.278	1：	0.379	2：	0.467	3：	0.289
b	M	0.302	1：	0.569	2：	0.333	3：	0.400
b	L	0.396	1：	0.362	2：	0.200	3：	0.600
b	E	0.444	1：	0.466	2：	0.333	3：	0.689
b	X	0.544	1：	0.603	2：	0.400	3：	0.378
b	J	0.663	1：	0.931	2：	0.400	3：	0.667
b	P	0.858	1：	0.810	2：	0.333	3：	0.844
b	Y	0.872	1：	1.000	2：	0.333	3：	0.711
b	B	1.000	1：	0.948	2：	0.800	3：	0.533

セット	会社	営業利益率		資本金		従業員数		設立経過年数
t	N	0.166	1：	0.086	2：	0.467	3：	0.444
t	W	0.367	1：	0.379	2：	0.000	3：	0.689
t	U	0.514	1：	0.500	2：	0.733	3：	0.244
t	Q	0.686	1：	0.517	2：	0.867	3：	0.267
t	C	0.911	1：	0.517	2：	1.000	3：	1.000

② **実行環境の整備**

ダウンロードした「libsvm-x.xx.zip」ファイルを展開して，収納されていた全ファイルを計算用のフォルダに置きます。

計算用フォルダの windows フォルダ内に「a」ファイルを作成し，上で作成した a セットのデータを入力します（**図 7.2**）。同様に「b」ファイルに b セットのデータ，「ab」ファイルに a セット＋b セットのデータ，「t」ファイルにテストセットの t セットのデータを入力，作成します。

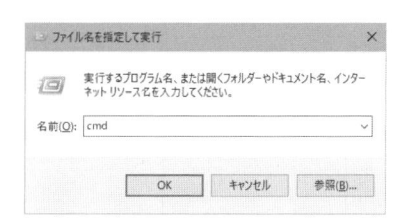

図 7.2 「a」ファイルの例

③ **学習の実行**

まず，Windows キーと r キーを同時押しして「ファイル名を指定して実行」ウィンドウを開き，cmd と入力して OK し，コマンドプロンプトを立ち上げます。なお，起動時のフォルダは環境によって異なります。

図 7.3 コマンドプロンプトの起動

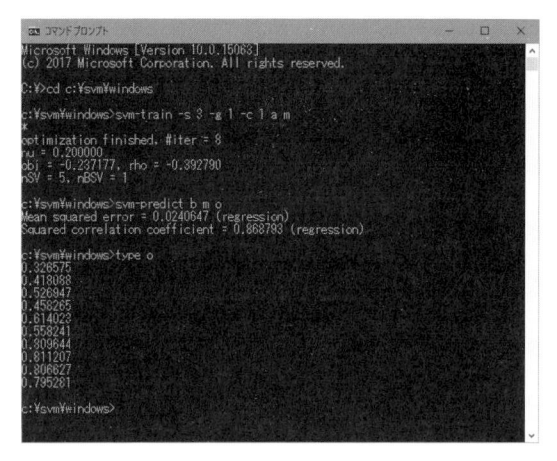

図 7.4 コマンドプロンプトの画面

②でファイル群を作成したフォルダに移動します（ここでは C: ¥ svm に展開しました）。以下のように入力します（「>」は不要です）。

> cd c ： ¥ svm ¥ windows

コマンドプロンプトに「svm–train –s 3 –g x –c y a m」と入力すると，「a」ファイルの学習が行われ，その結果が「m」ファイルに出力されます。

ここで，各コマンドの意味は以下のとおりです。

svm–train：学習（train）を指示するコマンド

–s 3：epsilonSVR（カーネルはデフォルトでは RBF）

–g：カーネル関数の γ

–c：パラメータ c

a：学習データ a が入っているファイル名

m：モデル結果が出力されるファイル

x： γ の値

y： c の値

いま，$x=1$，$y=1$ としてコマンドを実行すると下記のような結果が得られます。

```
> svm-train -s 3 -g 1 -c 1 a m
* optimization finished, #iter = 8
nu = 0.200000
obj = - 0.237177,rho = - 0.392790
nSV = 5, nBSV = 1
```

　次に「svm-predict b m o」と入力すると，上のモデルを使った「b」ファイルに対する予測結果が「o」ファイルに出力されます。

　ここで，各コマンドの意味は以下のとおりです。

　　　　svm-predict：予測（predict）を指示するコマンド

　　　　　　　　b：学習データ b が入っているファイル名

　　　　　　　　m：上のモデル結果が書き込まれているファイル

　　　　　　　　o：予測結果が出力されるファイル名

　すると，次のように結果が出力されます。

```
>svm-predict b m o
Mean squared error=0.0240647(regression)
Squared correlation coefficient=0.868793(regression)
```

　「mean squared error」が予測値と実測値との残差平方和平均，「Squared correlation coefficient」が決定係数の値です。

　「o」ファイルに出力された b セットに対する予測結果は次のようになります。

```
0.326575
0.418088
0.526947
0.458265
0.614023
0.558241
0.809644
0.811207
0.806627
0.795281
```

　パラメータ γ（gamma）の値を 0.01 ～ 10.0，パラメータ c（cost）の値を 0.1 ～ 10.0 の範囲で，グリッドサーチ（3.7 節）により，γ，c の 2 次元空間をグリッドに分割し，その交点のうち，最適な組合せを求めます。

```
> svm-train -s 3 -g x -c y a m
（省略）
> svm-predict b m o
（省略）
```

としたときの b セットに対する平均 2 乗誤差と

```
> svm-train -s 3 -g x -c y b m
（省略）
> svm-predict a m o
（省略）
```

としたときの a セットに対する平均 2 乗誤差との平均値が最小（または決定係数の平均値が最大）になるパラメータ γ と c の組合せを探索します。

④ **予測結果の出力**

最適化したパラメータ値を用い,

```
> svm−train −s 3 −g x（最適値）−c y（最適値）ab m
（省略）
> svm−predict ab m o
（省略）
```

により,ab セットをモデル化した結果が「o」ファイルに出力されます。これより,学習誤差解析が可能になります。

次に「svm−predict t m o」と入力すると,ab セットを学習したモデルによる t セットに対する予測結果が「o」ファイルに出力されます。これより,予測誤差解析ができます。

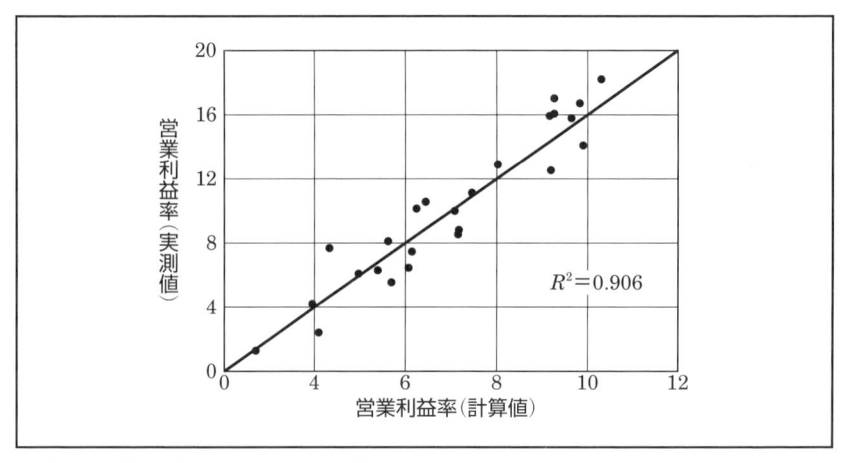

図7.5 例題の SVM によるモデル結果

以上のようにして SVM モデルの最適化を実施すると, $\gamma=1.0$, $c=5.0$ のとき最も優れたモデルを構築できることが確認されます。

そこで,全データセット（a＋b＋t セット）に対するモデル化した計算結果を示すと**図7.5**のようになり,決定係数は 0.906 ときわめて相関が高いことが確認されます。

📊 7.4 SVM の応用例

SVM は，分類にも回帰にも使える教師あり学習のアルゴリズムです。ほかのアルゴリズムと比べて，学習データ数が少なくてもノイズに強く，分類性能が高いといわれています。

SVM が初めてテストされた実社会の問題への適用例は，手書き文字認識でしたが，これまで情報検索でのカーネルを使った情報フィルタをはじめ，画像認識，社会科学の諸問題のほか，化学・薬学など種々の分野で適用されてきています。

／ COLUMN ／ **世界の貧富格差の決定要因のサポートベクター回帰による探索**

フランス人経済学者，トマ・ピケティの著書『21 世紀の資本』が 2013 年に刊行され，世界で 100 万部超のベストセラーになりました。その著書の中では，現代社会は国家間あるいは各国内の所得格差とともに富・資産等の格差が重大であり，このような格差の是正を世界的規模で図ることが必要であると説かれています。このような経済分野の理論的に解明が難しい問題に対しての SVM の応用例（田辺和俊，鈴木孝弘：サポートベクターマシンを用いた所得格差の決定要因の実証分析，情報知識学会誌，25 巻 3 号，223 〜 242（2015））をとり上げます。

この研究は所得格差の指標として世界各国のジニ係数（0 から 1 の数値で表され，1 に近いほど不平等度が高くなる）を目的変数とし，それに影響すると予想される経済，政治，教育，健康，技術分野の 57 種の説明変数との相関を SVM によって解析したものです。その結果，161 か国のジニ係数を 25 種の説明変数を用いて高精度（決定係数 $R^2 = 0.795$）で再現できるモデルが構築されました（**図 7.6**）。その 25 種の決定要因の中では政治的要因の寄与が最大であり，次いで GDP などの経済的要因と医療費などの健康要因がほぼ同程度の寄与があることが判明しました。従来，この問題は MLR による実証的研究ではジニ係数の決定要因の解明が難しかったのですが，非線形回帰分析である SVM を適用することにより現象のモデル化が可能になり，SVM の有用性が確認されました。

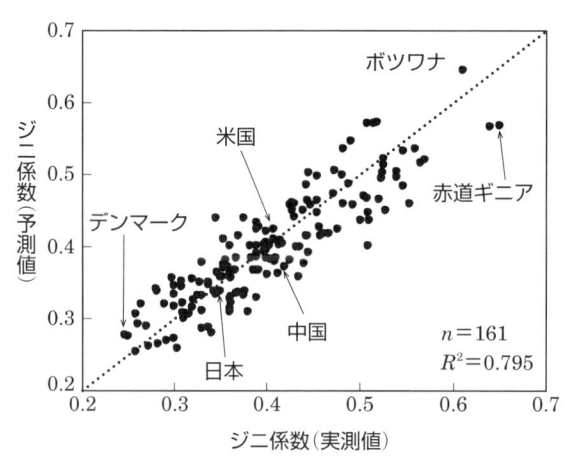

図 7.6　161 カ国のジニ係数と SVM モデルによる予測図の散布図

　化学・薬学の分野では，化学物質の構造と生物活性との関係を探る定量的構造活性相関（QSAR）の分野で広く使われ，特に発がん性を含む化学物質の毒性予測について，これまで多数の研究報告がなされています。

　バイオインフォマティックスの分野では，タンパク質の構造的機能的な特性を，既知のタンパク質の特性と関係づけるタンパク質配列相同性検索において，ほかの手法によるタンパク質配列相同性検索システムをはるかに凌駕する結果が得られています。SVM の別の応用事例には，DNA マイクロアレイの遺伝子発現パターンを用いたガン患者の診断などへの応用があります。

ガンは 1980 年以降，日本人の死因第 1 位であり，複雑なガンの原因を探るさまざまな研究が行われてきています。ガン死亡率を目的変数，複数の要因を説明変数として重回帰分析により各種要因の影響を探る研究がありますが，線形のモデルでは十分な成果が出ていません。この問題に対して，SVM を応用した例（田辺和俊，鈴木孝弘，中川晋一：サポートベクター回帰による都道府県別肺がん死亡率の関連要因に関する検討，保健医療科学，65 巻 6 号，598 ～ 610（2016））を紹介します。

方法は，47 都道府県の男女別肺ガン死亡率のデータについて，健康，食物，環境分野の 36 種の説明変数との関係を SVM により解析しています。その結果，これまで指摘されてきた「喫煙」「脂質」「肺ガン検診」のほか，新たな要因として男性では「魚介類」「味噌」「肉類」の摂取などの 6 種，女性では「緑茶」「野菜」の摂取などの 6 種，すなわち男女，それぞれ 9 種の関連要因が明らかになりました。SVM モデルにより肺ガン死亡率が一部の県を除き男女ともよく再現できることが確認されました。

表 7.2 に，SVM モデルの統計的な評価を同じデータセットを用いて作成した重回帰分析（MLR）モデルの結果と比較して示してあります。MLR モデルの変数選択は逐次減少法（F 値および標準偏回帰係数が最小の変数を逐次減少する方法）により行い，予測性をみるため，1 個抜き交差検証法による予測値についての平均二乗誤差，R^2 および自由度調整回帰決定係数 AR^2 を比較したものです。SVM の R^2 は男性で 0.7 以上と高く，危険率 5% で有意の回帰ありと判定されました。これに対し，MLR の R^2 は SVM よりかなり低く，特に女性の R^2 は低くなりました。これらの結果から，SVM モデルが MLR モデルより優れていることが確認されました。

表 7.2　SVM と MLR による肺ガン死亡率の予測結果の比較

	SVM		MLR	
	男	女	男	女
関連要因数	9	9	9	13
平均二乗誤差（RMSE）	1.094	0.651	1.930	1.851
回帰決定係数（R^2）	0.762	0.557	0.402	0.284
自由度調整回帰決定係数（AR^2）	0.705	0.449	0.257	0.002

第 7 章のポイントと課題

- ☑ サポートベクターマシンは機械学習の一種であり，識別や判別，回帰に用いることができる。
- ☑ サポートベクターマシンの特徴は，二つのカテゴリーの識別をするとき，境界付近にあるデータをもとにマージンと呼ばれる幅のある境界を求め，その中央を通る分離境界面を求めることである。
- ☑ SVM では，カーネルを用いて特徴空間（2 次元の場合，超平面）と呼ばれる高次元空間への写像を利用することで分類が可能になる。
- ☑ カーネルは，写像した特徴空間のベクトルの内積で表され，線形，多項式，RBF（ラジアル基底関数），シグモイドの四つのカーネル関数が代表的なものである。

- 📖 7.3 節で取り上げた例題について，営業利益率を y として重回帰分析を適用し，SVM の結果と比較してみましょう。
- 📖 SVM によるモデル化と第 8 章で説明するニューラルネットワークによるモデル化について，それぞれの特徴と違いを比べてみましょう。

第8章
ニューラルネットワーク

　ニューラルネットワークは，人間の脳のなかで起きる反応をヒントにして，その機能をコンピュータ上でモデル化した手法です。

　その開発の過程で多層パーセプトロンやバックプロパケーション（誤差逆伝搬法）などの手法が生み出されました。第9章で取り扱うディープラーニングのもととなる技術であり，これを理解するうえで基本となります。

　応用例には，パターン認識機能を活用した画像認識，車両のナンバープレートの自動読取りへの応用，音声認識や翻訳，文章解析といった言語処理などがあります。また，Web上での機械翻訳システムやアルゴリズム取引による株式売買などでも利用されています。

▌ 8.1　ニューラルネットワークとは

　人工ニューラルネットワーク（**ANN**：artificial neural networks；以下簡単にニューラルネットワーク）とは，人間の脳の神経回路網をヒントに，その機能をコンピュータ上でモデル化した情報処理の手法です。この手法は，多変量解析，パターン認識，分類，識別，回帰分析，手書き文字認識や顔認識など種々の幅広い用途に用いることができます。ANN は，最近ではデータサイエンスの最先端の分野の一つであるディープラーニングへと発展し，ディープラーニングのアプローチを理解する上での基盤として，その考え方が重要になっています。

　多変量解析やパターン認識には，第 4 ～ 5 章で学んだようにさまざまな手法があり，問題の特性によって使い分けが必要です。さらに，それらの手法の多くは，そのまま実用的なシステムとして適用される事例はきわめて少ないですが，その限界の主要な原因の一つが「モデルの線形性」にあります。多くの現象は線形変換によって近似的に表現できますが，予測や判別の高精度が要求される場面では実用上の制約となる場合があります。実際の現象を精度よく記述し，その構造を把握するためには，非線形性を考慮することは不可欠です。ところが，ANN では，それらの統計的手法のほとんどをカバーすることが可能です。さらに，ANN では，解析に際して目的変数と説明変数間の関数関係をあらかじめ仮定する必要がなく，線形から非線形まで，どんなに複雑な関係の変数間の解析も行うことができます。

　ANN を使う場合，まず，目的変数と説明変数の関係を見つけるためのデータを用意し，このデータを用いてニューラルネットワークを学習し，その後で解析する変数データを入力してニューラルネットワークの出力からモデルの評価を行うという手順で行います。

1　ニューロン

　人間の脳には**図 8.1** のような**ニューロン**（neuron；神経細胞）が約 140 億個あるといわれており，それぞれのニューロンはほかのニューロンと結

合して**ニューラルネットワーク**（神経経路網）を構成しています。自律複合体であるニューロンは核を持った**細胞体**（soma）と呼ばれる本体の部分と，本体から複雑に枝分かれした**樹状突起**（dendrite），一般に神経線維と呼ばれる**軸索**（axon）から構成されています。

樹状突起はほかのニューロンからの信号を受け取り，それらを細胞体に伝達します。図 8.1 はその構造を模式的に表したものですが，実際にはニューロンは非常に多くの樹状突起を有し，また枝分かれも数が多く，ほかのニューロンから信号を受け取るために，表面積が大きくなっています。一方，軸索は細胞本体からの信号をほかのニューロンに伝える出力用の線維で，いくつかの付随軸に枝分かれしています。その末端がほかのニューロンの樹状突起とわずかな空間を介して結合しており，この結合部分が**シナプス**（synapse）と呼ばれています。樹状突起と軸索内部における信号の伝達は，電気的にイオンの輸送によって行われ，信号は神経伝達物質と称される化学物質（アセチルコリンなど）によって伝えられます。

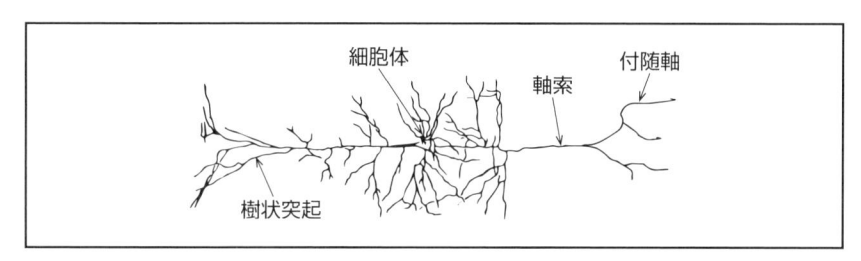

図 8.1　ニューロンの基本的な構造

このようにニューロンは，機能的には，樹状突起でほかのニューロンからの信号を受け取り，細胞体で入力信号を処理し，軸索からほかのニューロンへの出力信号を出すという情報処理素子とみなすことができます。ニューロンは，入力信号の合計がある値（しきい値）を超えると出力信号を出します。これを**発火**（興奮）といいます。

一般に ANN でのニューロンは，**図 8.2** に示すような形でモデル化され，広く使われています。このモデルは入力値に**重み**（w_i：シナプス結合係数と呼ばれます）をかけて総和をとり，さまざまなタイプの出力関数（f：

応答関数とも呼ばれます）を通して出力されます。重み w_i は，学習により変化させることができます。

$$y = f\left(\sum_{i=1}^{n} w_i x_i\right) \qquad ①$$

ニューロンに入力された信号は，通常，次項に述べる式②に示す生体反応のパターンに多くみられるシグモイド関数が用いられます。シグモイド関数は，非線形であるため線形応答と異なり，刺激に対して飽和しにくいという利点があります。

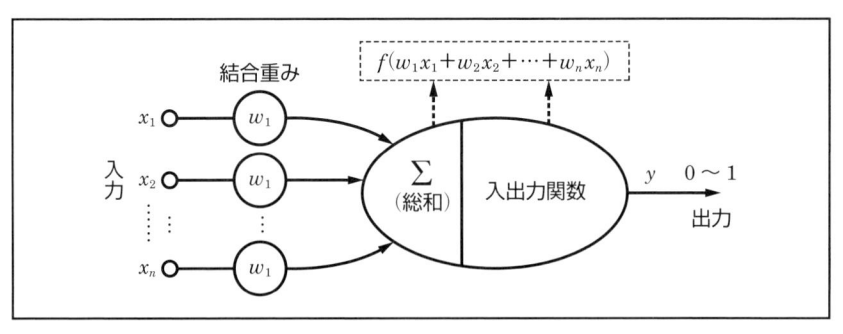

図 8.2　ニューロンのモデル

2　シグモイド

シグモイド関数は，次式で表されます。

$$P_i = \frac{1}{1 + \exp\left[-\sum(w_i s_i - h_i)/T\right]} \qquad ②$$

ここで P_i はニューロンが発火する確率，w_i はシナプス結合の重み，s_i は入力信号，h_i はしきい値，T は**図 8.3** に示すようなシグモイド関数の傾きを示すパラメータです。T が大きくなればなるほど，曲線の傾きはなだらかになります。$T \rightarrow 0$ の極限では，階段関数になります。

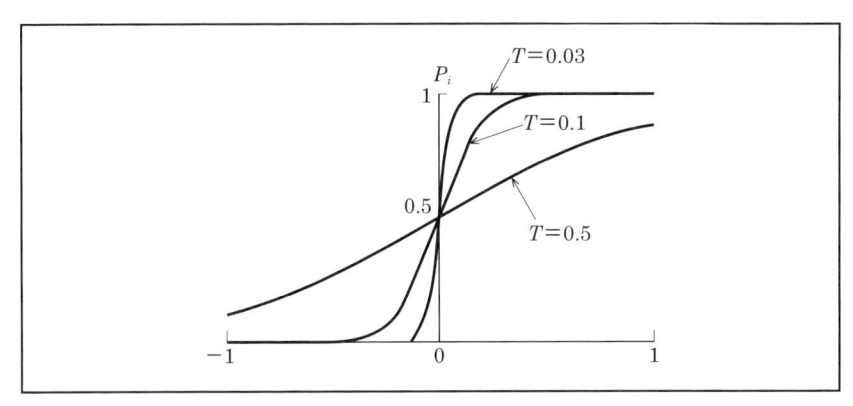

図 8.3　シグモイド関数の入出力関係

3　ニューラルネットワークの分類

　ニューロンをネットワークでつないだニューラルネットワークには，さまざまなモデルがあります。それらのモデルは，構造に注目すると**図 8.4**に示すように階層型ニューラルネットワークと相互結合型ニューラルネットワークの 2 種類に大別できます。

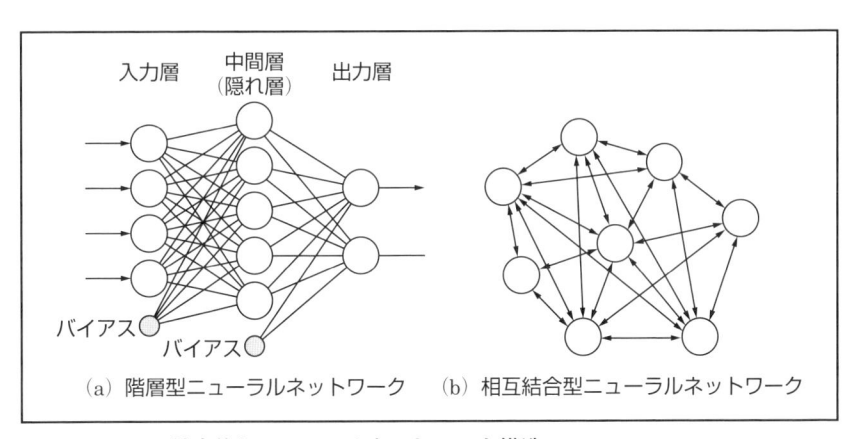

（a）階層型ニューラルネットワーク　　（b）相互結合型ニューラルネットワーク

図 8.4　二つの基本的なニューラルネットワーク構造

　図 8.4（a）の階層型ニューラルネットワークでは，ニューロンが層状に配置され，各層間は重み（図 8.4 ではバイアス）をもつネットワークを介

して結合しています。このタイプでは，一般的に入力データは入力層から出力層に向かって流れます（フィードフォワード型と呼ばれます）。通常，

- 入力を受け取り，そのまま次の層に送る入力層
- 前段層の出力を受け取り，計算処理後，出力を次の層に送る，いくつかの隠れ層（1段の場合は中間層と呼ばれます）
- 最終的な出力を行う出力層

から構成されます。同じ層のニューロン間には結合がないのが特徴です。**バイアス**（bias）は，単回帰分析における定数項に相当し，ニューラルネットワークでしきい値を結合の重みと同様に取り扱うためのものです。このタイプは，後述するバックプロパゲーションという強力な学習法があるため，種々の事例を学習でき，最も広く利用されています。階層型は，学習アルゴリズムに着目すると，教師信号を必要とするタイプになります。

　一方，図 8.4 (b) の相互結合型ニューラルネットワークにはボルツマン型，ホップフィールド型，コホーネン型などのタイプがあります。情報の流れは一般には双方向的であり，あるニューロンがほかのニューロンに出力を伝えると，そのニューロンからの出力も受け取ります（フィードバック型，あるいはリカレント型と呼ばれます）。このタイプは，教師データを用いない学習が可能であり，各種スケジューリングや巡回セールスマン問題などの組合せ最適化問題の近似解を迅速に得ることが可能です。

📊 8.2　学習方法

1　バックプロパゲーション（誤差逆伝搬法）

　バックプロパゲーションとは，基本的には図 8.4 (a) に示した階層型をしたネットワークで用いられるものです。この手法は，ニューラルネットワークの出力層に解を教師信号として与え，その教師信号と出力との誤差ができるだけ小さくなるように，出力層から入力層の方向にニューロン間の重みを調整する方法です。**図 8.5** のように，誤差が出力側から入力層側へと逆方向に伝搬して重みの学習が行われるため，日本語では誤差逆伝

搬法と呼ばれています。

この学習は，次のような手順で行われます。

① 　重み w_{ij} の初期値を，乱数を用いて設定
② 　入力層に値を入力
③ 　出力値を計算
④ 　出力値へ教師信号の入力
⑤ 　出力値と教師信号から誤差 E を計算
⑥ 　重み w_{ij} の学習
⑦ 　②からの繰り返し

重み w_{ij} の変化量は，**最急降下法の原理**（2乗誤差を極小化する方法）によって求められ，次式によって w_{ij} を更新します。

$$\Delta w_{ij}^{l}(t) = -\varepsilon \frac{\partial E(t)}{\partial w_{ij}^{l}(t)} + \alpha \Delta w_{ij}^{l}(t-1) \qquad ③$$

ここで，E は教師信号と出力との2乗誤差で，$\partial E(t)/\partial w_{ij}^{k}(t)$ は誤差曲面上（E を縦軸，w_{ij}^{l} を横軸にとったもの）での傾きであり，この傾きに比例させて重みを修正することで誤差を減らすものです。ε は定数で**学習効率**と呼ばれ，ε を大きくすると高速に収束しますが，あまり大きな値になると収束しなくなります。l は l 番目の層の重みの修正を意味し，α は**モーメント定数**と呼ばれ，学習の際に誤差が振動することを防ぐ役目があります。t は学習のタイムステップであり，タイムステップごとに学習のための入力パターンと教師パターンをすべて用います。効率よく学習するためには，ε と α を適切な値に設定する必要があります。

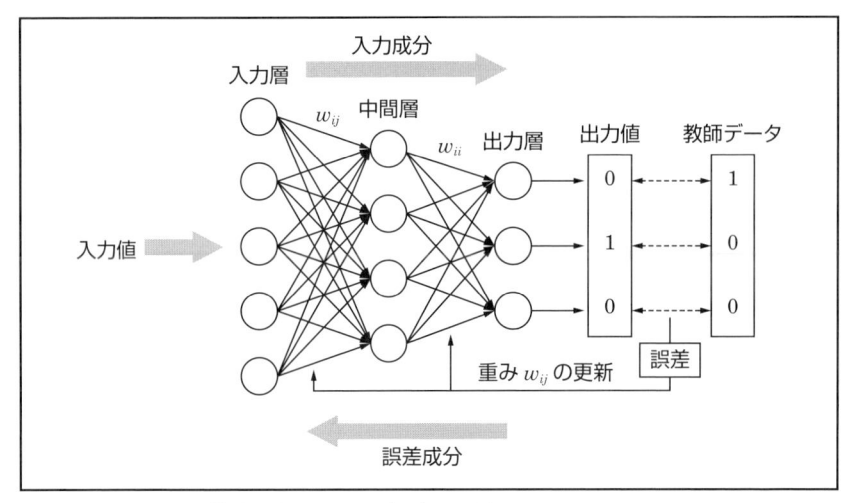

図 8.5　3 層ネット構造におけるバックプロパゲーション

2　教師信号がない学習

　図 8.4（b）の相互結合型であるボルツマン型，ホップフィールド型，コホーネン型などのニューラルネットワークでは，目的変数を持たない教師なしのパターン認識に類似したランダムな重みから出発して学習成果の収束を目指す方法が行われます。

8.3　学習データ

1　入力変数と前処理

　ANN の性能は，入力変数の取り方に大きく依存するため，出力変数と関係がある適切な入力変数のセットを選択する必要があります。多変量解析の場合とは違って，与えられた問題に対して，入力変数を選択する方法は確立されていません。しかし，枝狩り法という，まず入力変数の候補を選び学習を行い，その後で各入力変数の値を変化させたときの出力値の変化，すなわち感度を調べ，必要な入力変数を選択する手法が適用できます。

　実際に用いる入力データは，単位がばらばらだったり，値の範囲や分布

に偏りがある場合が多く，そのままでは学習に時間がかかったり，うまく収束しなかったりするため，次のような前処理（2.6節）が必要です。

① 外れ値（異常値）の除去
② 対数変換などによるデータの偏りの軽減
③ 記号データの数値化
④ データの正規化

2 データ数

最低限，どの程度のデータ数が必要になるかは，問題の特性や8.4節で述べるニューラルネットワークの構造によります。問題が複雑になるほど（大きなネットワークになると），多くのデータが必要です。ニューラルネットワークの全結合の数に対して，約2倍以上のデータが経験的に必要であるとされます。たとえば，入力層10ニューロン，中間層5ニューロン，出力層5ニューロンの3層のニューラルネットワークでは，およそ $2 \times (10 \times 5 + 5 \times 5) = 150$ 組以上のデータが必要になります。

また，実際のデータの範囲に比べ，学習に用いるデータの範囲に偏りがあると予測がうまくいかないことが多く，できるだけ広い範囲のデータを集めることが重要です。

📊 8.4 ニューラルネットワークの構造と学習

1 層の数

ニューラルネットワークの層の数は，問題の解法能力と関係があります。通常，3層のニューラルネットワークが使われますが，その理由はパターン識別能力が総合的に優れているからです。入力層と出力層の2層だけで中間層がない階層型ニューラルネットワークは，非線形の処理が行えず，線形分離の条件を満たす問題しか解くことができません。中間層を1層以上設ければ，理論的にはどのような問題でも学習によって解を求めることができます。4層以上になると精度は少し上がりますが，調整すべき重みの数が増えるために学習時間が増え，また必要になるデータ数が急増

して現実的ではなくなります。

ただし，最近では，第9章で解説するディープラーニングという手法が登場し，ビッグデータと高速コンピュータが利用可能であれば，このような制約はなくなります。

2 各層のニューロン数

入力層のニューロン数は，大きいほどパターン識別能力は向上しますが，8.3節1項で説明したように不要な入力変数を除くことが必要です。

中間層のニューロン数は，モデルの性能を決める最も重要な要因の一つになります。一般にニューロンの数が少ない場合，調整すべき重みの数が減るため，学習速度は上がりますが，許容誤差を大きくしないと収束しないことが生じ，あまり精度が高い結果が得られないことが多いです。逆にニューロンの数が多すぎても学習時間がかかるだけで，精度が上がらないということが起こります。

中間層のニューロン数の決定には，データ数と結合係数（重み）の数の比

$$\rho = \frac{\text{データ数}}{\text{結合係数（重み）の数}} \qquad ④$$

が重要で，ρの値が1以下（結合係数の数がデータ点より大）になると，完全な学習が可能になります。しかし，逆に予測性という点で問題（本節4項「過学習」）が生じることになります。

統計的な処理の問題ではρは2以上のできるだけ大きな値，薬物の構造活性相関（QSAR）などの問題では2前後の値が望ましいとされています。

最適なネットワーク構造を作るためには，中間層のニューロンを追加・削除してモデルの精度をみていく方法のほか，情報量基準を用いる方法や中間層の出力結果の統計的解析に基づく方法なども提案されています。

3 学習パラメータ

モデルの収束に与える要因には，重みの初期値，入力および出力ベクトルの標準化（$0.1 \sim 0.9$，あるいは$0.05 \sim 0.95$など），学習効率εやモーメ

ント定数 α，学習回数，許容回数，重みとしきい値の初期値などがあります。著者らは実際の ANN の構築にあたっては，初期条件が異なる三つのネットワークを求め，目的変数（出力）としてはそれらモデルからの出力の平均値を採用しています。

① **学習回数の設定**

このパラメータは，問題の性質や学習定数などのほかの条件との関係で適正な値が決まります。はじめは学習回数を 1 万回ぐらいにして，学習のようすをみながら許容誤差との関係も考慮して決めることになります。

② **許容誤差**

この値は，学習データの誤差を考慮して決まる必要がありますが，小さすぎると学習時間が長くなり，また収束しないこともあります。学習データのばらつきがわかっていれば，それより少し大きめの値に設定することが大事です。問題が複雑でばらつきの推定が難しいときは，大きめの値を最初に設定し，学習結果をみながら許容誤差を小さくしていくことがよいと考えられます。

③ **初期重みのランダム化**

通常，重みは小さな乱数に設定されることにより，初期化されます。重みをすべて 0 にすると，重みの修正量が 0 となって，修正が行われません。重みの初期値として，0 ～ 1，または -1 ～ 1 の範囲に設定されます。

④ **学習効率の選択**

ε は，ニューラルネットワークの構造以外で最も影響が大きく，重みが変化する速度を決定します。しかし，重みがあまりにも急速に変化すると，極小値で終わってしまうことがあります。この値は，一般的に試行錯誤によって求められますが，0.3 ～ 0.6 の値を初期値にとるとよいとされています。

α は ε と密接な関係があり，解が動く方向への急激な変化を引き止める作用をもっています。α が大きくなると，学習速度は上がり，収束までの学習回数は減少しますが，α がある限度を超えると振動が起こりはじめ，収束しなくなります。α は，通常 0.9 程度の値に設定されます。

4 過学習

ニューラルネットワークを構築する際に最も注意すべき点に，**過学習**という現象があります。同じ学習セットを用いて長時間学習したり，中間層のニューロン数を増やしたりすると，誤差は次第に小さくなっていき，学習セットに特化したパラメータを持ったモデルになってしまいます。しかし，その反面，実際の予測で使う未知のデータに対して，望ましい出力を与える能力である汎化能力が低下し，精度が悪くなることがあります。

📊 8.5 応用例

ニューラルネットワークの応用は，1980 年代半ばごろより活発に行われています。近年では，ファジィなどのほかの技術と組み合わせた応用例が盛んになっており，さらにディープラーニングに発展しています。**表 8.1** にニューラルネットワークの応用分野と利用例を示します。

表8.1 ニューラルネットワークの応用分野と例

応用分野	応用例
経済・経営分野	顧客管理，為替相場の予測，企業の財務分析・市場分析，株式の売買，債券先物利回りの予測，ローンや保険情報の評価，有価証券の管理など
工業分野	ロボットやプラントの制御，エアコン，冷蔵庫，洗濯機，炊飯器。扇風機などの家電製品の制御，製品検査，電力需要予測，故障診断
運輸分野	鉄道やトラックなどの運行管理，座席予約など
医療分野	患者の外観，心電図の波形，CT 画像などからの病気の種類，有無，程度，部位の診断補助，新薬の開発や安全性の評価
ゲーム	アニメーションの精緻化，チェス，将棋，囲碁などへの応用
その他	画像復元，情報圧縮（画像信号）

　ここでは，ニューラルネットワークの応用例として企業の格付けを予測を行った事例を紹介します。

　最近では，ミシュランのレストランをはじめ，病院，大学，会社などの格付けが行われるようになりました。特に会社の格付けは，企業経営者や個人投資家，機関投資家（銀行）などにとって重要な情報です。会社の格付けは専門の格付け会社が売上高，総資産，経常利益などたくさんの情報と経験によって行っています。この問題に対して，ニューラルネットワークを適用した例（田辺和俊ほか，「ニューラルネットワークによる企業格付け」，千葉工業大学研究報告　人文編，1-7，第 44 号（2007））をとり上げます。

　図 8.6 にそのモデルの概念図を示します。会社四季報に掲載されている格付け済み企業について，総資産，流動資産，当座資産，売上高，有利子負債依存度などの 31 種の財務データをニューラルネットワークの入力層に入れ，出力層に格付けデータを教師データとして入力します。

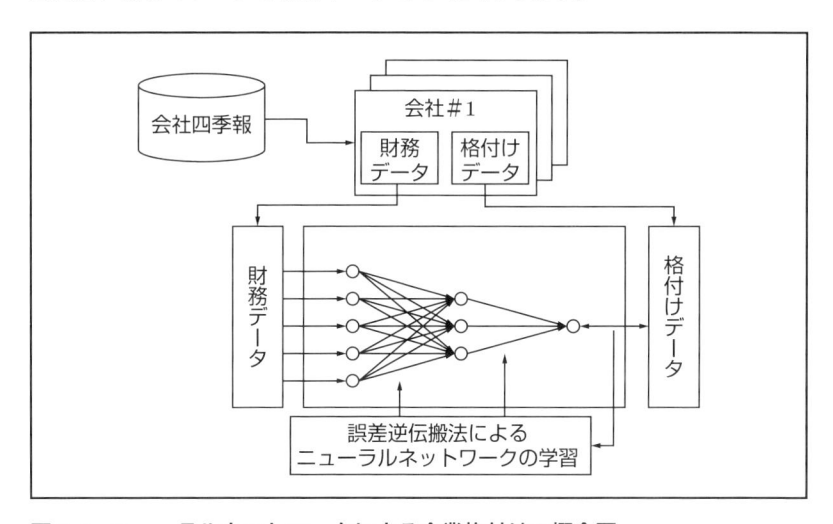

図 8.6　ニューラルネットワークによる企業格付けの概念図

　会社四季報には 4 社の格付け会社による AAA，AA，A ＋，BB，Ba1，CC，D などの格付け記号が掲載されていますが，会社による評価や使用記号の違いを考慮して，4 社の各企業に対する格付けの平均値を 0 ～ 1 に数値

化して使用しています。

　入力された財務データは中間層と出力層のニューロンにおいて非線形変換され，格付けデータ値として出力されます。この出力値と教師データの差が全企業について最小になるようバックプロパゲーションによって，各ニューロンのしきい値とニューロン間の重みを修正する学習が行われます。学習が終わると，財務データと格付けデータとの関係がニューラルネットワークの中に構築されます。

　このようにして構築されたモデルは，未格付け企業の財務データを入力すれば，その企業の格付けの予測値がニューラルネットワークに出力されることになります。格付け済み企業 776 社についてのデータを用いて格付け会社による格付けを再現したところ，実用的には，十分な性能であるほぼ 1 等級の誤差で再現できることが確認されました。

📊 8.6　ニューラルネットワークの限界

　ANN は，統計的な多変量解析やパターン認識手法などに比べて柔軟性があり，より複雑な学習機能があります。しかし，知識の埋め込みが難しく，問題を解決している内容などがブラックボックスであり，できあがったネットワークの解析が困難であるいう欠点があります。

　また，過度の学習は，予測能力が低下する過学習という問題点があります。さらに，ニューラルネットワークの規模が大きくなると，学習に時間がかかって収束が難しくなる傾向があり，ローカルミニマム（極小値）を最適値（最小値）と見誤るおそれがあります。そのため，長所・短所を把握した適切な使い方が重要です。

第 8 章のポイントと課題

- ☑ 人間の脳には，約 140 億のニューロン（神経細胞）があり，その高度情報処理の特徴は，多数のニューロンとその結合による並列性にある。
- ☑ 人工ニューラルネットワークは，脳の情報処理を模擬しようとするものであり，入出力関係が定式化できない場合，学習によって入力に対する出力の写像を獲得できる。
- ☑ 階層型ニューラルネットワークは，入力層，中間層（隠れ層），出力層の 3 層構成となっており，各層は重み付きの結合でつながっている。
- ☑ 階層型ニューラルネットワークの結合重みは，バックプロパゲーションにより，最適な値に収束するように繰り返し更新しながら学習が行われる。
- ☑ ニューラルネットワークは，パターン認識，制御，各種診断，予測・予知，最適化，信号処理などの広い分野で利用されている。

- 📖 ホップフィールドネットとボルツマンマシンについて，それぞれの特徴をまとめ，階層型ニューラルネットワークの場合と比較してみましょう。
- 📖 ニューラルネットワークが応用されている例には，表 8.1 に記載されているもの以外にどのようなものがあるか調べてみましょう。
- 📖 最適なネットワーク構造を遺伝的に探索する「ニューロエボリューション」が最近，注目されています。従来のニューラルネットワークとの違いを調べてみましょう。

第9章 ディープラーニング

　ディープラーニングは，画像や音声の認識をはじめとする複雑な識別問題などにおいて高い機能を発揮し，人工知能の中核的手法の一つとして注目されています。データサイエンスのなかでも比較的新しい手法の一つであり，音声認識，自然言語処理，画像認識，ビッグデータ解析など幅広い分野に広がっています。

第9章　ディープラーニング

📊 9.1 ディープラーニングとは

ディープラーニング（deep learning；深層学習）は，入力されたデータからクラス分類や回帰を行う機械学習法の一つです。2006 年にカナダ・トロント大学の Geoffrey Hinton 教授らによって提唱されました。第 8 章で解説した従来のニューラルネットワークの入力層，中間層（隠れ層），出力層のうち，中間層を 2 層以上に多層化させた学習方法です。

たとえば，2014 年の ImageNet 画像コンテストで優勝した Google のネットワークは，20 層以上の中間層を持つ大きなネットワークでした。人工の神経細胞が集まった中間層が，ニューラルネットよりも多く，深くなっていることから「ディープ（深層）」と呼ばれるようになりました。その構造は人がものを認識する際に似ています。

図 9.1 に示すように，従来のニューラルネットワークの構造は，小規模で学習能力に限界があり，中間層の層数やネットワークの規模が大きくなると，バックプロパゲーション（8.2 節 1 項）などによる学習・収束がうまくいかなくなることがありました。

それに対して，ディープラーニングは大規模であり，構成や学習方法の工夫によって従来不可能だった情報処理を実現することが可能です。ディープラーニングは，一般的には従来のニューラルネットワークの中間層を深い層にしたものを指し，ディープ・ニューラルネットワーク（DNN）とも呼ばれますが，いろいろなアルゴリズムが存在し，またアルゴリズムの中には種々のテクニックがあります。

ディープラーニングの手法は，大量のデータから特徴を自分で見つけて学習できる点に大きな特徴があり，画像を精度よく認識することが可能になりました。インターネットが普及してデータ量が大幅に増えたことに加え，コンピュータの計算速度が向上した結果，膨大な数のパラメータの値を大量のデータから，効率的にかつ適切に求めることが要求されるディープラーニングで成果が出るようになりました。

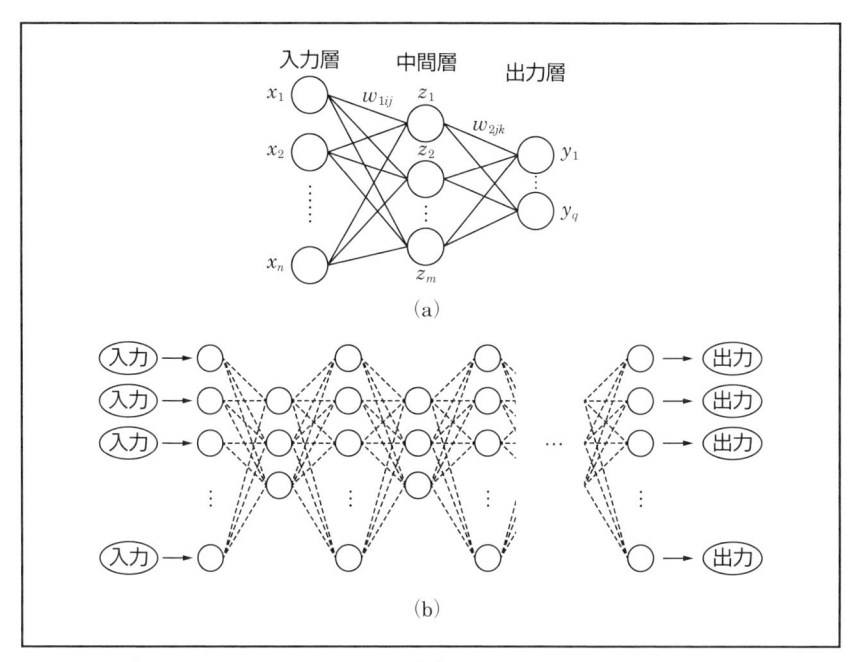

図 9.1　従来のニューラルネットワーク（a）とディープラーニング（b）の構造の比較

　ディープラーニングにおける学習の仕組みは，人間の脳のように目や耳から入った画像や音声などのデータを少しずつ圧縮し，言葉や物体の形状などの特徴を作り出すことをまねた情報処理が行われます。入力されたデータをいったん圧縮し，その後で元に戻す解凍を行い，元の画像と比較するという情報処理が行われます。

　たとえば，人間はネコの写真や絵をみると，瞬時にネコと判断できますが，それは，これまでに見てきたいろいろな経験から，無意識に脳のなかでネコの特徴を学んでいるからです。ディープラーニングでは，**図 9.2**のように，まず大量のネコの画像データを入力すると，たとえば浅い層では，ネコの耳を構成する直線や曲線などの局所的な特徴を認識し，それらの認識を合わせて猫の耳を認識できるようになります。

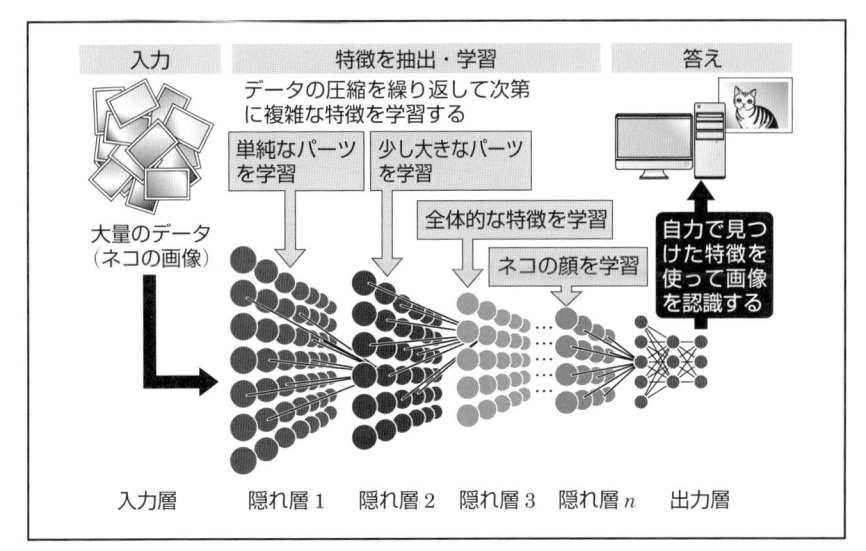

図 9.2　ディープラーニングによる画像認識のイメージ

　同様に，次の層では目の形，口，耳，ヒゲなどの少し大きなパーツを学習し，その次の3番目の層では，ネコの顔の輪郭などを学習します。このように層が深くなるにつれて，徐々に全体像に近い特徴を学んでいくことになります。認識された低次の概念は，次の層においてほかの中間層で認識された概念と組み合わせられ，より高次な概念を認識できるようになります。

　以上のように，ディープラーニングは，多数のデータによる学習を繰り返すことで，特定の特徴量を抽出し，画像識別，音声認識，制御などを行うことにより，一部の分野で人間に匹敵する高度な成果が得られています。しかし，高い精度を出す分，計算処理は多く，データのサイズが大きくなると莫大な計算時間がかかるという欠点があります。

　ディープラーニングは，RやPythonなどのプログラミング言語で実装されており，TheanoやPylearnといったツールが公開されています。現在はカテゴリー分類のための手法として使われるケースが多いですが，連続値の推定への応用が期待されています。

　当初は階層型ニューラルネットワークで中間層が多いディープ・ニュー

ラルネットワークによるものが一般的でしたが，現在は，次に紹介する畳込みニューラルネットワークが最も広く使われています。

📊 9.2　畳込みニューラルネットワーク

畳込みニューラルネットワーク（CNN：convolutional neural network）は，生物の視覚神経系で観察される形式を持った，大規模な多層のニューラルネットワークの一種です。畳込みと呼ばれる処理（画像処理に使われ，画像を滑らかにしたり，シャープにする）を導入した点が特徴です。畳込みによって，パラメータの数が減り，多層でも収束が容易になります。ディープラーニングの応用として最も成功している画像認識分野を中心に，幅広く利用されています。

　CNN は，**図 9.3** のように入力層，畳込み層，プーリング層，全結合層，出力層から構成されています。畳込み層とプーリング層は，それぞれ複数回の繰返しによって深い層を形成していて，画像の特徴的な要素を抽出します。抽出された要素を，第 8 章で説明した多層ニューラルネットワーク（全結合層）に入力して，学習を行います。

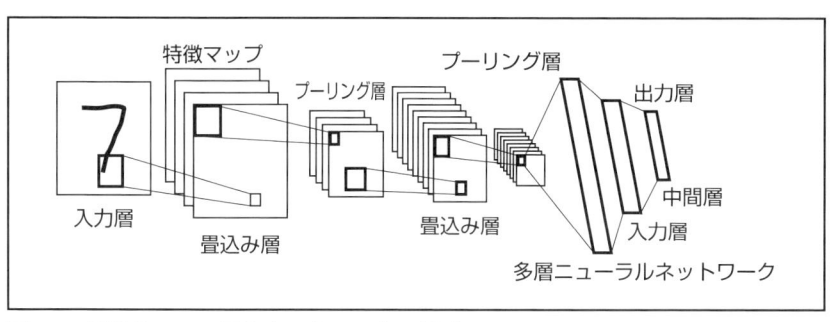

図 9.3　畳込みニューラルネットワークの構成

　畳込み層とプーリング層では，それぞれの処理は異なりますが，隣接する二つの階層ですべてのニューロンが結合しておらず，ある特定のニューロン間の結合が存在します。プーリング層は畳込み層のオプション的なもので，畳込み層と合わせて 1 層とカウントされます。

以下に，CNN を構成する層とその学習方法を説明します。

1　畳込み層

　畳込み層の役割は，入力データに対し，フィルタをかけることにより，**特徴**を抽出することです。畳込みとは「ある関数を平行移動しながら別の関数に重ねて足し合わせる二項演算のこと」です。

　たとえば入力信号が 2 次元の画像である場合，2 次元の行列で表現できます。フィルタは，行列の中をスライドする窓関数であり，元の画像のピクセル値に重み行列をかけて和をとることに相当します。フィルタとしては，3×3 程度の小さいサイズのものを用いて，ある画素とその近傍の値で畳込みを行います。一般的な画像処理では，ぼかし操作や輪郭抽出などが代表的なものです。

　図 9.4 のように入力データのサイズが 10×10，フィルタのサイズが 3×3 の場合，入力データを畳み込んだ**特徴マップ**のサイズは 8×8 となります。入力データの 3×3 の領域の各要素と，フィルタの各要素の積の和が特徴マップのなかの一つの値になります。入力データの 3×3 の領域を移動させながら同じフィルタをかけることにより，1 枚の特徴マップが得られます。畳込み処理は，入力データの特徴を抽出するための処理であり，通常，複数の異なるフィルタが用いられます。CNN での学習は，このフィルタの中の数値（重み）を変えて，適切なフィルタの値を求めることです。

　一般に畳込み処理を行うと，特徴マップのサイズは小さくなります。たとえば，入力データのサイズが 5×5，フィルタのサイズが 3×3 の場合，特徴マップのサイズは 3×3 になり，特徴マップはフィルタサイズから 1 を引いたサイズの半分だけ小さくなります。特徴マップの大きさを元の入力データサイズと同じ大きさに保つ方法もあり，また，逆に小さくする方法もあります。特徴マップは，次の層の入力値になります。

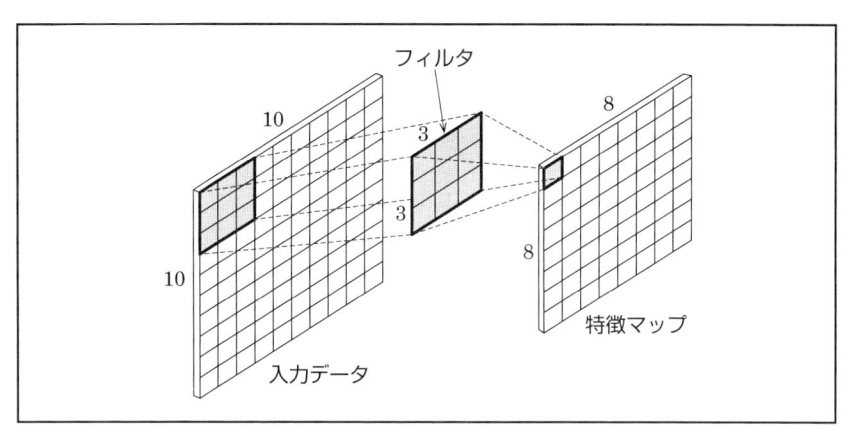

図 9.4　畳込み処理

2　プーリング層

　畳込み層から出力された特徴マップの代表値を抽出することがプーリング層の役割であり，特徴マップのサイズが縮小されます。画像処理では，解像度を下げる処理になります。よく使われる手法には，分割したセルの中で最大値を取り出す**最大値プーリング**と，平均値を出す**平均値プーリング**があります。現在では，最大値プーリングを用いることが一般的です。

　図 9.5 は，プーリング領域のサイズを 2×2，プーリング領域の移動量であるストライドを 2 として，プーリング領域の最大値と平均値をそれぞれ新たな特徴マップの値にしています。一般に，ストライドは 2 以上に設定されます。

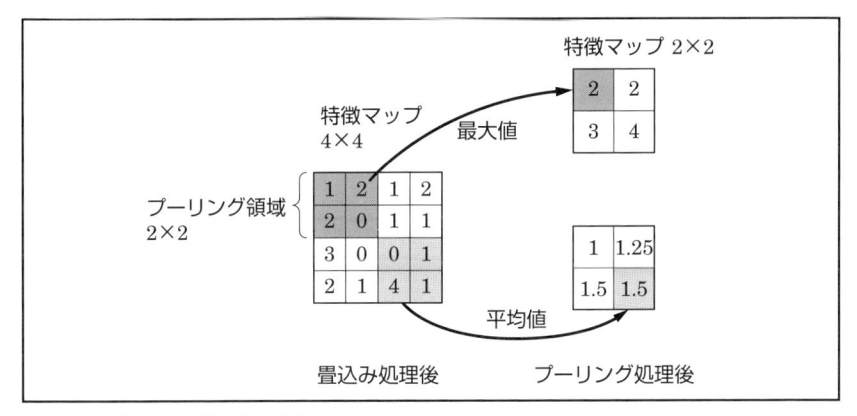

図 9.5　プーリング処理の例

3　多層ニューラルネットワーク

　畳込み層とプーリング層での処理を何度か繰り返すと，小さな2次元の特徴マップがたくさんでき，それを1次元ベクトルの入力として多層ニューラルネットワークを適用します。多層ニューラルネットワークでは，第8章で説明した学習方法によって出力が得られることになります。

📊 9.3　強化学習

　機械学習の方法による分類では，おもなものに「教師あり学習」と「教師なし学習」があり，そのほかに**強化学習**（reinforcement learning）があります。世界的なトッププロ棋士に勝利して話題になったコンピュータ囲碁ソフト「AlphaGo（アルファ碁）」は，ディープラーニングの後，強化学習によって自分自身と繰り返し対戦し，敗因を分析し，強くなったとされます。

　強化学習は，一つひとつの事項についての正解，不正解は与えられませんが，一連の行動の最後に教師データが与えられます。この最後の結果だけから一連の行動が適切であったか否かを評価し，学習をするものです。

　強化学習は，たとえば囲碁や将棋，チェスのようなゲームの勝敗を通じて戦略の知識を得る場合などに用いることができます。一連の行動の最後

に与えられる評価値を**報酬**（reward）と呼ばれています。ゲームの例では，勝てば正の報酬を得ることができ，負けると負の報酬を受け取ることになります。強化学習は元々，心理学における動物の学習実験や制御工学における最適制御理論が基礎になっており，ロボット制御の分野で用いられることが多い学習法です。

📊 9.4　ディープラーニングの活用分野・展望

　ディープラーニングは，新しい手法が次々に提案され，コンピュータの進歩と相まって，応用先も**音声認識**，**自然言語処理**，**画像認識**，**ビッグデータ解析**など幅広い分野に広がっています。

　ディープラーニングの実用化は，画像や音声を識別する精度を高められることから，インターネットの検索などで始まりました。画像認識では文字認識，一般物体認識，物体検出，顔認識・照合，人物属性推定などに応用されています。

　ディープラーニングが画像認識分野で急速に広まった契機は，2012 年の一般物体認識のコンペティション（ILSVRC 2012）でした。サポートベクターマシンなどの機械学習を組み合わせた従来の手法に対して，CNNの手法によって大幅な性能改善が報告されました。現在，ディープラーニングによる一般物体認識は，人の識別能力を超える性能を達成しています。

　物体検出は，顔検出や歩行者検出などで利用されています。画像の中から物体の位置を特定する方法です。特に歩行者検出は，自動運転支援の用途などで注目されている技術であり，畳込みニューラルネットワークによる手法が提案されています。

　顔認識には，あらかじめ認証する人が決まっていて，その人か否かの識別を行う顔照合と，登録されている人の中からその人を探し出す顔認証という技術があります。この応用に対しても畳込みニューラルネットワークによる開発が行われています。

　以上のようにディープラーニングは，一般物体認識や一般物体検出を中

心に大規模なデータセットを解析することで，人の認識機能に匹敵する性能を達成できるまでになっています。ほかにも，病気の診断システムやロボットの制御，自動運転車に組み込む研究なども進んでいます（**表9.1**）。

表 9.1　ディープラーニングの活用分野とその例（計画含む）

応用分野	実施（計画）例
画像・動画認識	物体認識，顔検出・顔認識，歩行者検出
音声認識	話者の特定，Google 翻訳の機能
自然言語処理	インターネットの検索，自動翻訳システム
医療分野	診断支援，創薬支援，健康管理，遺伝子研究，医用画像（レントゲンや MRI，CT など）からの病気判定技術
金融分野	株価データ解析，銀行の顧客の相続相談，企業の財務状況分析
ビジネス	自動運転車，ロボットの活用・高度化，AI を活用した「スマート工場」，農業の無人化，新卒採用業務，無人配送サービス，空間を移動する機器（ドローンなど）の多様化

このように多くの応用で広まりつつあるディープラーニングですが，以下のような問題点もあります。

- 学習には膨大なデータが必要で，それを処理できる高性能コンピュータが欠かせない。
- 統計情報のように人の手が加わったデータは，処理が難しい。
- 内部のパラメータ数が膨大になり，過学習と呼ばれる問題が生じる場合がある。

ディープラーニングは技術の進展が非常に早く，本稿執筆のあいだにも次々と新しい技術，研究成果が報告されています。

第 9 章のポイントと課題

- ☑ インターネットが普及してデータ量が増加したことに加え，コンピュータの演算速度が向上した結果，ディープラーニングで成果がでるようになった。
- ☑ ディープラーニングの手法のうち，最もよく用いられているものが，畳込みニューラルネットである。
- ☑ 畳込みニューラルネットワークは，ディープ・ニューラルネットワークに対して畳込み層とプーリング層を導入して，ネットワークのパラメータ数が少なく，学習しやすくなっている。
- ☑ ディープラーニングは，さまざまな分野で応用されているが，特に画像認識分野で広く利用されている。

- 📖 畳込みニューラルネットワークの畳込み処理で，特徴マップの大きさを元の入力データサイズと同じ大きさに保つ方法と，小さくする方法について，それぞれ調べてみましょう。
- 📖 機械学習の三つの学習方法である，教師あり学習，教師なし学習，強化学習について，それぞれの違い・特徴を比べてみましょう。

さらに勉強したい人のための参考書

・データサイエンス全般

1) 中川慶一郎，小林佑輔：データサイエンティストの基礎知識　挑戦する ITエンジニアのために，リックテレコム（2014）

2) 酒巻隆治，星洋平：ビジネス活用事例で学ぶ　データサイエンス入門，SBクリエイティブ（2014）

3) Rachel Schutt, Cathy O' Neil（著），瀬戸山雅人，石井弓美子，河内 崇，河内真理子，古畠 敦，木下哲也，竹田正和，佐藤正士，望月啓充（訳）：データサイエンス講義，オライリー・ジャパン（2014）

4) Foster Provost, Tom Fawcett（著），竹田正和（監訳），古畠 敦，瀬戸山雅人，大木嘉人，藤野賢祐，宗定洋平，西谷雅史，砂子一徳，市川正和，佐藤正士（訳）：戦略的データサイエンス入門　ビジネスに活かすコンセプトとテクニック，オライリー・ジャパン（2014）

5) 比戸将平，馬場雪乃，里 洋平，戸嶋龍哉，得居誠也，福島真太朗，加藤公一，関 喜史，阿部 厳，熊崎宏樹：データサイエンティスト養成読本　機械学習入門編，技術評論社（2015）

6) 酒巻隆治，里 洋平，市川太祐，福島真太朗，安部晃生，和田計也，久本空海，西薗良太：データサイエンティスト養成読本　R活用編，技術評論社（2015）

7) 株式会社システム計画研究所，Python による機械学習入門，オーム社（2016）

8) 杜 世橋：Python データサイエンス　可視化，集計，統計分析，機械学習，リックテレコム（2016）

9) 佐藤洋行，原田博植，里 洋平，和田計也，早川敦士，倉橋一成，下田倫

大，大成浩子，奥野晃裕，中川帝人，長岡裕己，中原 誠：改訂 2 版　データサイエンティスト養成読本［プロになるためのデータ分析力が身につく！］，技術評論社（2016）

10) Joel Grus（著），菊池 彰（訳）：ゼロからはじめるデータサイエンス　Python で学ぶ基本と実践，オライリー・ジャパン（2017）

11) 橋本泰一：データ分析のための機械学習入門，SB クリエイティブ（2017）

12) 高橋淳一，野村 嗣，西村隆宏，水上ひろき，林田賢二，森 清貴，越水直人，露崎博之，早川敦士，牧 允皓，黒柳敬一：データサイエンティスト養成読本　登竜門編，技術評論社（2017）

・データマイニング

1) 内田 治：例解　データマイニング入門　これが最新データ透視術，日本経済新聞社（2002）

2) 上田太一郎：Excel でできるデータマイニング入門，同友館（2003）

3) 石井一夫：図解　よくわかるデータマイニング，日刊工業新聞社（2004）

・多変量解析・パターン認識

1) 佐々木慎一，阿部英次，高橋由雅，高山千代蔵，宮下芳勝：化学者のためのパターン認識序説，東京化学同人（1984）

2) 大松 繁，富田 豊，徳田 昭，杉坂政典：理工学基礎　多変量解析，培風館（1986）

3) 有馬哲，石村貞夫：多変量解析のはなし，東京図書（1987）

4) 相島鐵郎，ケモメトリックス　新しい分析化学，丸善（1992）

5) 宮下芳勝，佐々木慎一：ケモメトリックス　化学パターン認識と多変量解析，共立出版（1995）

6) 尾崎幸洋，宇田明史，赤井俊雄：化学者のための多変量解析　ケモメトリックス入門，講談社（2002）

7) 内田 治，菅 民郎，高橋 信：文系にもよくわかる多変量解析，東京図書（2003）

8) 菅 民郎：らくらく図解　統計分析教室，オーム社（2006）

9) 内田 治，福島隆司：例解　多変量解析ガイド　EXCEL アドインソフトを利用して，東京図書（2011）

・ニューラルネットワーク

1）中野 肇（監修），飯沼一元（編），ニューロンネットグループ，桐谷滋：入門と実習　ニューロコンピュータ，技術評論社（1989）

2）萩原将文：ニューロ・ファジイ・遺伝的アルゴリズム，産業図書（1994）

3）Jure Zupan, Johann Gasteiger（著），田辺和俊，長塚義隆（訳）：化学者のためのニューラルネットワーク入門，丸善（1996）

4）豊田秀樹：非線形多変量解析―ニューラルネットによるアプローチ―，朝倉書店（1996）

5）ジョゼフ・P・ビーガス（著），社会調査研究所，日本アイ・ビー・エム（訳）：ニューラルネットワークによるデータマイニング，日経BP社（1997）

6）坂和正敏，田中雅博：ニューロコンピューティング入門，森北出版（1997）

7）田辺和俊：NEUROSIM/Lによるニューラルネットワーク入門，日刊工業新聞社（2003）

・サポートベクターマシン

1）Nello Cristianini, John Shawe-Taylor（著），大森剛（訳）：サポートベクターマシン入門，共立出版（2005）

2）阿部重夫：パターン認識のためのサポートベクトルマシン入門，森北出版（2011）

・ディープラーニング

1）伊庭斉志：進化計算と深層学習　創発する知能，オーム社（2015）

2）小高知宏：機械学習と深層学習　C言語によるシミュレーション，オーム社（2016）

3）大関真之：機械学習入門　ボルツマン機械学習から深層学習まで，オーム社（2016）

4）株式会社フォワードネットワーク（監修），藤田一弥，高原歩：実装ディープラーニング，オーム社（2016）

5）山下隆義：イラストで学ぶ　ディープラーニング，講談社（2016）

索引

〈著者略歴〉

鈴 木 孝 弘 (すずき　たかひろ)

東洋大学 経済学部 教授
1956 年　静岡県浜松市生まれ
1984 年　東京工業大学大学院 化学環境工学専攻 博士課程修了（工学博士）
1984 年　静岡県庁生活環境部 主事
1986 年　山形大学 工学部 情報工学科 助手
1989 年　東京工業大学 工学部 化学工学科 助手
1994 年　東京工業大学 資源化学研究所 助教授
2002 年　東洋大学 経済学部 教授。現在に至る
〈専門〉
データサイエンス（ニューラルネットワークやサポートベクターマシンの経済，化学，薬学の問題への応用など），環境科学，環境経済など
〈著書〉
『高校数学からはじめる　やさしい経済数学テキスト』（オーム社）
『新しい物質の科学（改訂 2 版）─身のまわりを化学する』（オーム社）
『新しい環境科学─環境問題の基礎知識をマスターする（改訂 2 版）』（駿河台出版社）
『新・地球環境百科』（駿河台出版社）
『生命と健康百科』（駿河台出版社）など

これだけは知っておきたい
データサイエンスの基本がわかる本

平成 30 年 3 月 25 日　　第 1 版第 1 刷発行

著　　者　鈴 木 孝 弘
発 行 者　村 上 和 夫
発 行 所　株式会社 オ ー ム 社
　　　　　郵便番号　101-8460
　　　　　東京都千代田区神田錦町 3-1
　　　　　電話　03(3233)0641(代表)
　　　　　URL　https://www.ohmsha.co.jp/

© 鈴木孝弘2018

組版 徳保企画　　印刷・製本　壮光舎印刷
ISBN978-4-274-22194-1　Printed in Japan

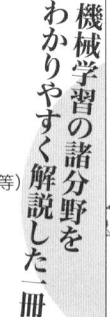